Mohit Goswami

Al 7075 - Tratamento térmico, envelhecimento e comportamento de propagação de fissuras

Mohit Goswami

AI 7075 - Tratamento térmico, envelhecimento e comportamento de propagação de fissuras

ScienciaScripts

Imprint

Any brand names and product names mentioned in this book are subject to trademark, brand or patent protection and are trademarks or registered trademarks of their respective holders. The use of brand names, product names, common names, trade names, product descriptions etc. even without a particular marking in this work is in no way to be construed to mean that such names may be regarded as unrestricted in respect of trademark and brand protection legislation and could thus be used by anyone.

Cover image: www.ingimage.com

This book is a translation from the original published under ISBN 978-620-2-02563-8.

Publisher:
Sciencia Scripts
is a trademark of
Dodo Books Indian Ocean Ltd. and OmniScriptum S.R.L publishing group

120 High Road, East Finchley, London, N2 9ED, United Kingdom
Str. Armeneasca 28/1, office 1, Chisinau MD-2012, Republic of Moldova, Europe
Printed at: see last page
ISBN: 978-620-7-77697-9

ÍNDICE DE CONTEÚDOS

CAPÍTULO 1

INTRODUÇÃO

1.1   INTRODUÇÃO

Como o alumínio está presente em abundância na crosta terrestre e porque, no seu estado de liga, possui uma boa combinação de propriedades mecânicas e outras, o alumínio é um dos metais mais utilizados [1]. Algumas dessas propriedades são a ductilidade, a maleabilidade (o Al é o segundo metal mais maleável e o sexto mais dúctil [2]), a boa relação resistência-peso, a excelente condutividade térmica e eléctrica, a reciclabilidade, a não toxicidade (como acontece nas embalagens de alimentos), a boa resistência à corrosão, etc. Com estas propriedades excepcionais, as utilizações do alumínio e das suas ligas estão também muito difundidas. As ligas de alumínio encontram a maior parte das suas aplicações na indústria automóvel e aeroespacial, na construção civil, em contentores e embalagens, na engenharia eléctrica e de transferência de calor e muito mais. Na figura 1, o gráfico circular ilustra os principais mercados de utilização final de produtos de alumínio na Europa em 2011 [3].

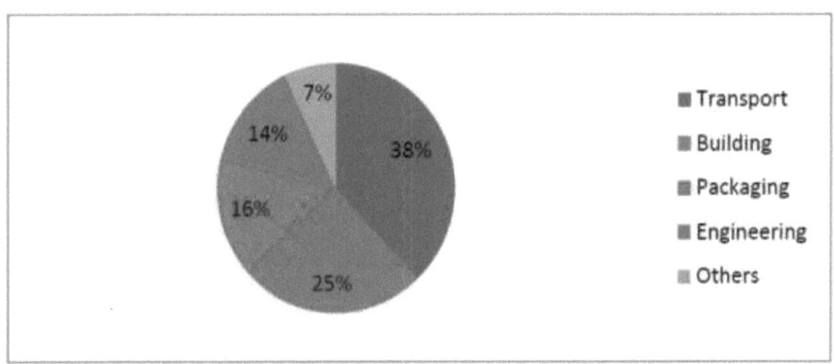

FIGURA 1.1 Principais mercados de utilização final de produtos de Al na Europa[3]

De acordo com uma estimativa, cerca de 80% do peso de um jato comercial é assegurado, de alguma forma, por ligas de Al [4]. O facto de possuírem propriedades como boa resistência, resistência à corrosão, baixo peso e, ao mesmo tempo, uma boa relação custo-eficácia é a principal razão para a procura crescente de ligas de Al na indústria aeroespacial e automóvel. De acordo com um relatório da Associação Europeia do Alumínio, a quantidade de alumínio utilizada por cada automóvel produzido na Europa quase triplicou entre 1990 e 2012, passando de 50 kg para 140 kg. Prevê-se que esta quantidade aumente para 160 kg até 2020, podendo mesmo atingir os 180 kg [5]. As indústrias automóvel e aeroespacial consomem uma grande parte das ligas de Al, como se pode ver nas figuras 1.2 e 1.3. A figura seguinte ilustra os principais componentes feitos de ligas de Al para um automóvel e um jato comercial.

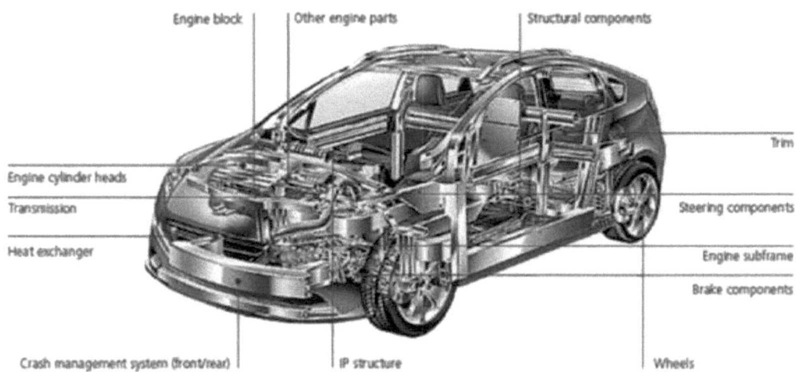

FIGURA 1.2 Principais componentes de um automóvel fabricado em ligas de alumínio[5]

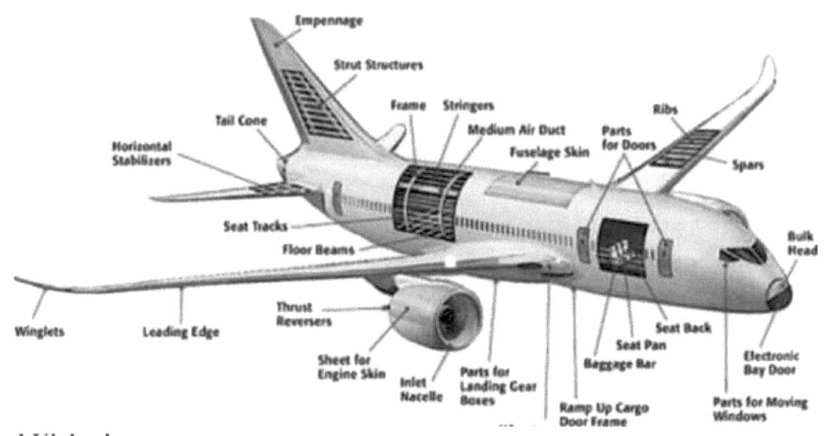

Slrul Uiringi
FIGURA 1.3 Principais componentes de uma aeronave comercial fabricada com ligas de alumínio [6]

Existem apenas alguns metais que têm solubilidade sólida suficiente com o alumínio para servirem como adições de liga importantes. Existem mais de trezentas composições de ligas de Al que são geralmente reconhecidas, tendo sido desenvolvidas muitas variações adicionais [7]. Os elementos normalmente utilizados para ligar com o alumínio são o zinco (Zn), o magnésio (Mg), o Cu e o Si, que têm solubilidades significativas, e vários outros elementos com solubilidades baixas também conferem melhorias às propriedades da liga. Alguns metais de transição como o crómio (Cr), o manganês (Mn) e o zircónio (Zr) são utilizados principalmente para formar compostos que controlam a estrutura do grão [8].

1.2 CLASSIFICAÇÃO DAS LIGAS DE ALUMÍNIO

A classificação básica das ligas de Al baseia-se no seu processo de fabrico e são classificadas como ligas fundidas ou forjadas [9]. Uma classificação mais pormenorizada destas ligas baseia-se no mecanismo de endurecimento. Com base nesta classificação, um grupo consiste nas ligas em que as propriedades mecânicas são controladas pelo endurecimento por trabalho e recozimento, como o Al comercialmente puro e as ligas à base de Al-Mg e Al-Mn. Enquanto o segundo grupo é constituído pelas ligas que respondem ao endurecimento por precipitação. Existem duas classificações principais

1.   ligas de fundição

2.   ligas forjadas

Ambas as categorias são ainda subdivididas em tratáveis termicamente e não tratáveis termicamente. Mais de 70% do alumínio é utilizado para produtos forjados, tais como chapas laminadas, folhas e extrusões. As ligas de alumínio fundido têm um ponto de fusão baixo e uma resistência à tração inferior à das ligas forjadas.

1.3 DESIGNAÇÃO DAS LIGAS DE ALUMÍNIO

É utilizado um sistema de designação numérica de quatro dígitos para identificar as ligas de Al, cujos pormenores são os seguintes

i.   O primeiro dígito indica o grupo de ligas.

ii.   O segundo algarismo indica as modificações da liga original ou limites de impurezas.

iii.   Os dois últimos dígitos identificam a liga ou indicam a pureza do Al.

Existe apenas uma ligeira diferença entre as designações das ligas fundidas e das ligas forjadas, que consiste no facto de o último algarismo que indica a forma do produto (fundição/ingot) ser separado dos outros por um ponto decimal. Normalmente, esse último dígito após o ponto decimal é negligenciado e as ligas fundidas são designadas por apenas três dígitos. Com base no processo de têmpera, é utilizada uma designação de têmpera após o hífen.

TABELA1.1 Designação das ligas de Al

MajorAll oying Elemento	Designação do elenco	Forjado Designação
Alumínio	1xx.x	1xxx
Cobre (Cu)	2xx.x	2xxx*
Si, Cu e/ou Mg	3xx.x	-
Manganês (Mn)	-	3xxx
Silício (Si)	4xx.x	4xxx
Magnésio	5xx.x	5xxx
Mg - Si	-	6xxx*
Zinco	7xx.x	7xxx*
Lata	8xx.x	-
outros elementos	9xx.x	8xxx
Séries não utilizadas	6xx.x	9xxx

Nas ligas forjadas, apenas as ligas das séries 2xxx*, 6xxx* e 7xxx* são tratáveis termicamente, enquanto as outras ligas não são tratáveis termicamente. No caso das ligas tratáveis termicamente, o endurecimento por deformação pode complementar a resistência desenvolvida pelo endurecimento por precipitação, enquanto que no caso das ligas não tratáveis termicamente, o endurecimento por deformação confere resistência às ligas através da interação de deslocações.

As subdivisões da têmpera T para ligas de alumínio forjado baseiam-se na atribuição a uma liga termicamente tratável da letra T de 1 a 10, ou seja, de T1 a T10. Esta subdivisão básica da têmpera T e da têmpera H tem sido utilizada desde 1948 nos EUA e publicada na edição de 1962 da norma ANSI H35.1. Estas subdivisões definem o método de obtenção do tratamento térmico de solução e a importância do controlo do envelhecimento natural entre ou após as operações. Após as têmperas de base, são atribuídos dígitos adicionais para exprimir o alívio de tensões por estiramento ou compressão, ou ambos, após o tratamento térmico em solução [10]. Com base no processo de têmpera utilizado, as ligas recebem uma designação de têmpera. A designação da têmpera é seguida pela designação da liga após um hífen, por exemplo, 2024-T3.

TABELA1.2 Designação da temperatura das ligas de alumínio

Designação	Descrição do temperamento
Designação da têmpera de base	
F	Tal como fabricado, não há controlo sobre a quantidade de endurecimento por deformação, nem limites de propriedades mecânicas
O	Recozido e recristalizado. Têmpera com menor resistência e maior ductilidade
H	Endurecidos por deformação (trabalhados a frio) com ou sem tratamento térmico
T	Tratados termicamente para produzir têmperas estáveis
Subdivisões endurecidas por tensão	
H1	Apenas endurecido por deformação. O grau de endurecimento por deformação é indicado pelo segundo dígito e varia de um quarto de dureza (H12) a uma dureza total (H18), que é produzida com uma redução de aproximadamente 75% da área.
H2	Endurecidos por deformação e parcialmente recozidos. Temperaturas de um quarto de dureza a uma dureza total obtidas por recozimento parcial de materiais trabalhados a frio com inicialmente mais fortes do que o desejado. As temperaturas são H22, H24, H26 e H28.
H3	Endurecido por tração e estabilizada. Temperaturas para ligas Al-Mg de amolecimento por envelhecimento que

	são endurecidas por deformação e depois aquecidas a baixa temperatura para aumentar a ductilidade e estabilizar as propriedades mecânicas. H32, H34, H36 e H38.
Subdivisões tratadas termicamente	
W	Solução Tratada
T	Endurecido pela idade
T1	Arrefecido a partir da temperatura de fabrico e envelhecido naturalmente
T2	Arrefecido a partir da temperatura de fabrico, trabalhado a frio e envelhecido naturalmente
T3	Tratada com solução, trabalhada a frio e envelhecido naturalmente
T4	Tratada com solução, trabalhada a frio e envelhecido naturalmente
T5	Arrefecido a partir do fabrico temperatura e envelhecido artificialmente
T6	Tratada com solução e envelhecida artificialmente
T7	Tratada com solução e estabilizada por envelhecimento excessivo
T8	Tratada com solução, trabalhada a frio e envelhecido artificialmente
T9	Tratada com solução, envelhecida artificialmente e trabalhada a frio
T10	Arrefecido a partir do fabrico temperatura, trabalhados a frio e envelhecido artificialmente

1.4 APLICAÇÃO DE LIGAS DE ALUMÍNIO

As várias propriedades das ligas de alumínio diversificaram as utilizações das ligas de alumínio em diferentes indústrias, como os transportes, a preparação de alimentos, a produção de energia, a embalagem, a arquitetura e as aplicações de transmissão eléctrica. Com base no tipo de aplicação a utilizar, o alumínio pode substituir outros materiais como o cobre, o aço, o zinco, a folha de Flandres, o aço inoxidável, o titânio, a madeira, o papel, o betão e os compósitos. Alguns dos exemplos em que o alumínio é utilizado são

1.   Embalagem

2.   Transporte
a)   Vagões ferroviários de passageiros e de mercadorias
b)   Veículos comerciais
c)   Veículos militares
d)   Navios e barcos
e)   Automóvel
f)   Indústria da aviação
3.   Aplicações marítimas
4.   Construção e arquitetura
5.   Folhas de alumínio
a)   Embalagem farmacêutica
b)   Proteção e embalagem dos alimentos
c)   Isolamento
d)   Blindagem eléctrica
e)   Laminados

Todas as aplicações acima referidas representam aproximadamente 85% do alumínio consumido anualmente. Os restantes 15% são utilizados numa grande variedade de aplicações como

a) Escadas
a)   Cilindros de gás de alta pressão
b)   Artigos de desporto
c)   Componentes maquinados
d)   Barreiras e sinais rodoviários
e)   Mobiliário

f)   Chapas de impressão litográfica

1.5   LIGA DE ALUMÍNIO 7075

A liga de alumínio 7075 é uma liga de alumínio com zinco como principal elemento de liga. A liga de alumínio 7075 foi introduzida pela Alcoa em 1943 [11] (existe uma contradição associada à origem da liga Al 7075, uma vez que, de acordo com a JAPAN ALUMINIUM ASSOCIATION, a primeira liga 7075 foi desenvolvida em segredo por uma empresa japonesa, a Sumitomo Metal, em 1936, e foi utilizada para a estrutura aérea do caça Mitsubishi A6M Zero para a Marinha Imperial Japonesa a partir de 1940). Desde então, tem sido a liga padrão da série 7XXX na indústria aeroespacial. Foi a primeira liga de alta resistência Al-Zn- Mg-Cu bem sucedida que utilizou os efeitos benéficos da adição de crómio à liga. A resistência desta liga é comparável à de muitos aços e tem uma boa resistência à fadiga, mas uma maquinabilidade média. O Al 7075 tem menos resistência à corrosão em comparação com outras ligas de Al, uma vez que foram desenvolvidas várias outras ligas 7XXX desde o Al 7075 com propriedades específicas melhoradas, mas a liga Al 7075 continua a ser a base com um bom equilíbrio de propriedades necessárias para aplicações aeroespaciais. Mas o elevado custo associado ao Al 7075 limita a sua utilização a aplicações em que ligas mais baratas não são adequadas. Em geral, a composição da liga de alumínio 7075 inclui 5,6-6,1% de zinco, 2,12,5% de magnésio, 1,2-1,6% de cobre e menos de meio por cento de silício, ferro, manganês, titânio, crómio e outros metais. O Al 7075 é produzido em várias têmperas, nomeadamente 7075-0, 7075-T6, 7075-T651.

1.6 COMPOSIÇÃO DO AL 7075

TABELA 1.3 Composição química do Al 7075[12]

Componente	% em peso
Zn	5.1-6.1
Mg	2.1-2.9
Cu	1.2-2
Fe	Máx. 0.5
Cr	0.18-0.28
Mn	Máximo 0,3
Si	Máximo 0,4
Ti	Máximo 0,2
Al	87.1-91.4
Outros, total	0.15

1.7 metalurgia física de ligas de alumínio

A interação complexa da composição química, a distribuição das fases desenvolvidas durante a solidificação, a morfologia, os tratamentos térmicos e o processamento da deformação são alguns dos principais factores responsáveis pelas propriedades da liga de alumínio[13]. Para obter o efeito de reforço desejado nas ligas de alumínio, podem ser utilizados os seguintes mecanismos: reforço por solução sólida, endurecimento por trabalho ou deformação e, no caso das ligas tratáveis termicamente, é também utilizado o endurecimento por precipitação, como é o caso do Al 7075 [14]. No reforço por solução sólida, todos os elementos de liga devem dissolver-se completamente na matriz de alumínio para formar uma solução sólida, o que pode ser feito aquecendo o material até à temperatura da solução sólida. Como resultado, o movimento de deslocação é obstruído, o que leva a um aumento da resistência da liga. No endurecimento por trabalho ou por deformação, o reforço ocorre devido à tensão ou deformação dos metais e ligas. Se a geração e multiplicação de deslocações for mais rápida do que a aniquilação durante a deformação, a densidade de deslocações aumenta. Durante este processo, formam-se subestruturas de deformação, que resultam numa alteração das formas dos grãos e da estrutura interna. Estas alterações microestruturais resultam na diminuição da distância média de deslizamento livre e, eventualmente, aumentam a resistência da liga[15]. As ligas que não respondem ao tratamento térmico, o principal processo de reforço para essas ligas é o endurecimento por deformação. Para as ligas que podem ser tratadas termicamente, o endurecimento por deformação pode ser utilizado para complementar a resistência desenvolvida pelo endurecimento por precipitação. No endurecimento por precipitação, o reforço é conseguido quando os elementos de liga se adicionam para formar uma dispersão insolúvel muito fina de fases intermetálicas[16]. A precipitação controlada pode ser utilizada para a formação de precipitados intermetálicos durante o tratamento térmico. Se a solubilidade sólida de um ou mais elementos de liga diminuir com a diminuição da temperatura, a precipitação pode ser controlada por tratamento térmico, normalmente conhecido como endurecimento por envelhecimento[17]. No endurecimento por envelhecimento, a liga é tratada a uma temperatura relativamente elevada na região monofásica para dissolver os elementos de liga. De seguida, procede-se a um arrefecimento rápido ou têmpera a baixa temperatura para obter uma solução sólida super saturada (SSSS) dos elementos de liga no alumínio. Esta solução sólida super saturada (SSSS) é decomposta de forma controlada para formar um precipitado finamente disperso, quer à temperatura ambiente (envelhecimento natural), quer a temperaturas elevadas (envelhecimento artificial), de acordo com as propriedades requeridas.

1.8   DESAFIOS ACTUAIS

À medida que os avanços na investigação sobre PMC continuam, os fabricantes de alumínio estão a perder lentamente as suas quotas de mercado para os fabricantes de PMC. Com a introdução do Airbus A380, este facto tornou-se mais evidente. Aproximadamente 25% do peso do Airbus A380 é feito de materiais compósitos, incluindo uma caixa central da asa em material compósito, uma antepara de pressão e várias superfícies de controlo de voo [18]. O 787 da Boeing utilizou cerca de 40-50% da sua estrutura em materiais compósitos, que inclui as asas e uma fuselagem em material compósito. De acordo com Michael Bair, Vice-Presidente Sénior do programa 787, embora os fabricantes de alumínio oferecessem ligas mais leves, os compósitos foram escolhidos devido à sua maior resistência, custo decrescente, leveza, "...durabilidade, requisitos de manutenção reduzidos e maior potencial de desenvolvimento futuro"[19]. Para competir com sucesso com a utilização crescente de PMC nas estruturas aeroespaciais, os fabricantes de alumínio devem resolver uma série de deficiências inerentes ao alumínio convencional, tais como a durabilidade e a tolerância aos danos, a rigidez e a resistência específicas, e o peso.

1.9 TRATAMENTO TÉRMICO

Para obter as melhores propriedades do alumínio, são utilizadas várias adições de ligas e processos de tratamento térmico. A liga de alumínio 7075 é uma das ligas mais utilizadas em aplicações estruturais devido às suas atractivas propriedades globais, como a baixa densidade, a elevada resistência, a ductilidade, a tenacidade e a resistência à fadiga [20]. Encontra aplicações extensivas em peças estruturais de aeronaves e noutras aplicações estruturais sujeitas a grandes tensões. A liga de Al 7075 é suscetível de fragilização, uma vez que é uma liga de alumínio-zinco, devido à qual se verifica uma micro segregação de MgZn2 que, por sua vez, conduz a uma falha catastrófica dos componentes produzidos a partir dela [21]. Esta liga é também suscetível à fissuração por corrosão sob tensão devido à falta de homogeneidade e às tensões residuais inerentes aos métodos de fabrico desta liga. Esta formação de micro segregações (precipitados duros) e as tensões residuais inerentes têm um efeito negativo nas propriedades mecânicas da liga [22]. Assim, estes problemas devem ser resolvidos para melhorar o desempenho do material em serviço. Isto pode ser conseguido através de certos processos de tratamento térmico, como o recozimento, a normalização, a têmpera e o endurecimento por envelhecimento.

1.10 OBJECTIVO DO PRESENTE TRABALHO

O objetivo do presente trabalho é determinar as propriedades mecânicas e a microestrutura da liga de alumínio 7075 tratada termicamente e comparar as propriedades com as do Al 7075 sem tratamento térmico. Em seguida, comparar estas propriedades com diferentes condições de tratamento, em que as condições de tratamento são principalmente a têmpera, o recozimento, a normalização e o envelhecimento a diferentes temperaturas durante diferentes períodos de tempo. As propriedades mecânicas a serem avaliadas são:

1.   Resistência à tração (U.T.S.)
2.   Resistência ao escoamento (Y.S.)
3.   % de alongamento
4.   Resistência ao impacto

Após a caraterização das propriedades, estas propriedades mecânicas são relacionadas com a microestrutura e as superfícies de fratura das diferentes amostras após o tratamento. O deslocamento de abertura da ponta da fenda (CTOD) é avaliado através da simulação do comportamento de propagação da fenda no ABAQUS.

CAPÍTULO 2

REVISÃO DA LITERATURA

P. Das *et al.* (2011) investigaram as propriedades de fadiga de alto ciclo e a resistência ao crescimento de fissuras por fadiga da liga Al 7075 de granulação ultrafina produzida pela técnica de crio-laminagem. Neste estudo, as propriedades de fadiga e as propriedades mecânicas da liga foram substancialmente aumentadas e foi encontrado um atraso significativo na taxa de crescimento de fissuras por fadiga das amostras de liga de Al crio-laminada. A razão para este aumento do desempenho da liga foi a elevada densidade de deslocações, o aumento da quantidade de limites de grão, o deslizamento dos limites de grão e o refinamento significativo do grão conseguido através de múltiplas passagens de criolaminagem. A presença de precipitados de AlCuMgSi e $MgZn_2$ de pequenas dimensões e bem dispersos nos 70% crio-laminados foi confirmada com padrões XRD que, por sua vez, ajudaram a melhorar as propriedades mecânicas, a resistência à fadiga e ao crescimento de fissuras. Devido ao tamanho de grão mais pequeno da deformação da liga Al7075 crio-laminada, a deformação foi homogénea, o que ajudou a retardar a nucleação de fissuras através da redução das concentrações de tensão e, em última análise, aumentou o limite de fadiga da estrutura de grão ultrafino. Os principais constituintes da melhoria da resistência ao crescimento de fissuras por fadiga da liga de Al de granulação ultrafina foram o aumento da dimensão da zona plástica antes da ponta da fissura, a interação entre uma fissura em propagação e a maior quantidade de estrutura de contorno de grão e a interação fissura-precipitado no contorno de grão [23].

P. Das *et al.* (2011) estudaram a tração, a resistência ao impacto e o comportamento à fratura da liga Al 7075 crio-laminada. Verificaram que a tensão de cedência e a resistência ao impacto aumentavam substancialmente à medida que a elevada densidade de deslocações, o deslizamento dos limites do grão e o refinamento significativo do grão eram conseguidos através de múltiplas passagens de criolaminagem. Efectuaram um recozimento curto + envelhecimento (150 °C durante 5 min +120 °C durante 3 h) na liga e observaram um aumento da % de alongamento nas ligas de Al crio-laminadas. A elevada taxa de deformação envolvida durante a carga de impacto impediu que o efeito do envelhecimento se pronunciasse sobre a tenacidade ao impacto. Investigaram o efeito da transição dúctil para frágil nas propriedades de resistência ao impacto da liga Al7075 [24].

S. M. Kumar *et al.* (2014) propuseram que as propriedades mecânicas e de fratura da liga Al 7075-T6 revestida mostram uma relação linear entre a tensão de cedência, a tensão de rutura e os valores de dureza. Concluíram que, com o aumento da espessura do revestimento EN, a resistência à fratura e as propriedades de tração da liga Al 7075-T6 aumentam e que a natureza da fenda se desvia da natureza da pré-fenda. De acordo com o seu estudo, a micrografia eletrónica de varrimento da superfície fendilhada do espécime EN mostrou um crescimento estável da fenda relativamente mais elevado do que o da liga não revestida [25].

S. K. Panigrahi *et al.* (2011) investigaram o efeito do envelhecimento nas propriedades mecânicas e na microestrutura das ligas ST, CR e RTR Al 7075. De acordo com os seus resultados, formularam que, a uma temperatura de envelhecimento mais elevada de 140 °C, as amostras CR e RTR apresentaram uma dureza decrescente com o tempo de envelhecimento devido ao efeito de recuperação que pode ter ocorrido durante um envelhecimento a alta temperatura dos materiais CR e RTR com o tempo. A resistência e a dureza das amostras ST envelhecidas no pico apresentaram uma taxa de aumento superior à das amostras CR e RTR devido aos efeitos manifestos de endurecimento por precipitação. As amostras CR e RTR envelhecidas no pico apresentaram um aumento significativo de YS e UTS em comparação com as amostras de liga Al 7075 tratadas no pico de envelhecimento (T6). As microestruturas das amostras CR e RTR tratadas no pico de envelhecimento indicaram que a microestrutura não foi completamente recristalizada. O envelhecimento a baixa temperatura a 100 °C durante 45 h da liga Al 7075 crio-laminada resultou num refinamento do grão com propriedades mecânicas melhoradas devido ao efeito combinado da supressão da recuperação dinâmica, refinamento parcial do grão, recuperação parcial, reforço da solução sólida, endurecimento por deslocação e endurecimento por precipitação[26].

S. K. Panigrahi *et al.* (2008) relataram as propriedades mecânicas e as características microestruturais de uma liga Al 7075 endurecível por precipitação sujeita a laminagem à temperatura do azoto líquido e à temperatura ambiente. De acordo com o estudo, as ligas Al 7075 criroladas apresentaram propriedades mecânicas melhoradas em comparação com a liga Al laminada à temperatura ambiente. A liga de Al crio-laminada após 90% de redução de espessura apresenta uma estrutura de grão ultrafino. A resistência e a dureza dos materiais crirolados (CR) com diferentes percentagens de redução de espessura foram superiores às dos materiais laminados à temperatura ambiente (RTR) com a mesma tensão, devido à supressão da recuperação dinâmica e à acumulação de uma maior densidade de deslocações nos materiais crirolados [27]. J. S. Robinson *et al.* (2012) mediram as tensões residuais presentes em 7010 e 7075 temperados com água fria. O padrão esperado de compressão biaxial na superfície foi equilibrado por tensões de tração triaxiais no interior dos forjados. O forjado 7010, menos sensível à têmpera, apresentou tensões residuais de tração muito mais elevadas do que o forjado 7075. No forjamento 7010, ocorreu precipitação nos limites de grão e subgrão, mas a alteração do parâmetro de rede foi pequena em comparação. As medições de perfuração profunda dos forjados sugerem que o forjado 7010 é capaz de suportar tensões residuais de tração mais elevadas no interior do forjado [28].

M. Erdogan *et al.* (2014) estudaram o efeito do envelhecimento natural em condições ambientes no sistema da liga 7075. Verificaram que as propriedades mecânicas tendem a diminuir quando a liga é temperada a 530 °C e envelhecida naturalmente à temperatura ambiente. Durante o primeiro mês de envelhecimento natural, após a têmpera, a dureza e a resistência à tração aumentaram. Mas quando envelhecido naturalmente durante 2 meses, as fases intermetálicas FeAl estavam presentes, devido às quais a dureza e a percentagem de alongamento diminuíram, enquanto a resistência à tração aumentou a uma velocidade mais lenta. Observaram que as melhores propriedades mecânicas dos sistemas de liga AA 7075 foram desenvolvidas quando envelhecidos naturalmente durante um mês [29].

J. M. Salman *et al.* (2013) estudaram as propriedades da liga 7075-T6, tais como a tenacidade ao impacto, o comportamento térmico de endurecimento por envelhecimento e a resistência à corrosão em solução de NaCl a 3,5%, utilizando a têmpera em 30% de polietilenoglicol e elementos de liga adicionais. De acordo com os seus resultados, a adição de 0,1% de boro à liga de base melhora a resistência ao impacto em 30% quando a têmpera é feita em água e em 50% quando a têmpera é feita em 30% de PAG, correspondendo à liga de base à temperatura de envelhecimento de 150 °C. O comportamento de endurecimento por envelhecimento térmico também foi melhorado quando adicionado 0,1% B por (18%) à temperatura de envelhecimento de 150 °C em comparação com a liga de base. A resistência à corrosão também foi melhorada quando adicionado 0,1% B por (234%) à temperatura de envelhecimento de 150 °C em comparação com a liga de base [30]. G. Silva *et al.* (2012) investigaram as propriedades de tração e o comportamento SCC de placas espessas de 7075 quando submetidas a um envelhecimento de passo único, variando os tempos de envelhecimento. De acordo com os seus resultados, havia duas classes de resistência: a primeira incluía T76 e 163 °C para amostras envelhecidas durante 5 e 8 horas e a segunda incluía T73 e 163 °C para amostras envelhecidas durante 24 horas. Destas amostras, apenas as amostras T6 e 163 °C para amostras envelhecidas durante 3 e 5 horas falharam o teste SCC. Quando investigada mais aprofundadamente, a comparação entre as condições testadas revelou um comportamento de corrosão mais fraco das amostras T76 do que das amostras envelhecidas a 163 °C, 8 e 16 horas, ao passo que não foi observada qualquer diferença clara entre as amostras envelhecidas a T73 e 163 °C, 24 horas. Se se compararem as propriedades mecânicas e a resistência à corrosão, a têmpera T76 pode ser substituída pelo envelhecimento a 163 °C, 8 horas [31]. R. Kacar *et al.* (2015) estudaram o comportamento de envelhecimento da liga 7075 Al tratada termicamente com água temperada/tratada termicamente com areia temperada e 8% pré-esforçada em condições de envelhecimento artificial. Um conjunto de provetes foi tratado termicamente a 480 °C durante 2 h, temperado com água (SHTWQ) e depois pré-tensionado para 8% de tensão. Em seguida, as amostras de ensaio foram envelhecidas a 140 °C durante 0,5, 1, 2, 3, 4, 6, 8, 10, 12, 24, 48, 72 e 96 h num forno. O outro conjunto de amostras de ensaio foi tratado termicamente a 480 °C durante 2 h, temperado em areia (SHTSQ) e, em seguida, pré-tensionado para 8% de tensão. Foram também envelhecidas a 140 °C durante os mesmos intervalos. Os autores relataram um aumento da resistência à tração, da tensão de cedência e da dureza, enquanto que uma diminuição do alongamento da fratura das ligas SHTWQ e SHTSQ Al com o aumento do tempo de envelhecimento a 140 °C se deve a um aumento da densidade das zonas GP, à distorção dos planos da rede e à dificuldade de movimento das deslocações por interferência com o movimento das deslocações. Assim, a dureza da liga 7075 Al aumentou rapidamente com um tempo de envelhecimento artificial. Mas com o aumento do tempo de envelhecimento, a resistência à tração, o limite de elasticidade e a dureza da liga diminuíram devido à fase estável η (MgZn2). De acordo com a análise fractográfica, as ligas SHTWQ e SHTSQ sofreram fracturas frágeis e dúcteis quando envelhecidas a 140 °C durante 12 e 10 h, respetivamente. Mas quando o tempo de envelhecimento foi aumentado para 96 h a 140 °C, o padrão de fratura mudou de uma natureza dúctil moderada para uma natureza dúctil [32].A. D. Isadarea *et al.* (2012) relataram os efeitos dos tratamentos térmicos de recozimento e endurecimento por envelhecimento na morfologia microestrutural e nas propriedades mecânicas da liga 7075 Al. Fundiram o material sob a forma de varetas cilíndricas redondas no interior de um molde de areia verde e, em seguida, algumas amostras foram arrefecidas rapidamente e outras foram arrefecidas gradualmente até à temperatura ambiente. Algumas das amostras arrefecidas gradualmente foram recozidas, enquanto outras foram endurecidas por envelhecimento. A partir dos seus resultados, concluiu-se que se formaram microssegregações de MgZn2 durante a solidificação gradual da liga de alumínio 7075 devido à redistribuição de soluto de Mg e Zn, mas que não se formaram durante a solidificação rápida. No entanto, essas micro-segregações foram dissolvidas para formar uma fase homogénea durante as operações de tratamento térmico de endurecimento por envelhecimento. Devido à operação de tratamento térmico de endurecimento por envelhecimento, verificou-se a formação de pequenos precipitados dispersos e finamente uniformes de MgZn2 na matriz de alumínio, enquanto que os grãos grosseiros da fase MgZn2 se formaram como resultado da operação de tratamento térmico de recozimento. Concluiu-se que o processo de solidificação rápida e o tratamento térmico de envelhecimento eliminaram a formação de micro-segregação, melhorando assim significativamente algumas propriedades mecânicas. Através da operação de tratamento térmico de endurecimento por envelhecimento, os valores de limite de elasticidade, resistência à tração e dureza foram melhorados, mas a ductilidade e a resistência ao impacto foram reduzidas. Enquanto que a operação de tratamento térmico de recozimento melhorou a resistência ao impacto e a ductilidade, mas os valores da resistência ao escoamento, da resistência à tração e da dureza foram reduzidos [33].M.A. Choudhry *et al.* (2007) estudaram a relaxação de tensões da liga de alumínio 7075 recozida a 413 °C durante 2 1/2 horas em toda a curva tensão-deformação à temperatura ambiente. O seu estudo mostrou que o comportamento de relaxação de tensões da liga Al-7075 recozida a 413 °C durante 2 1/2 h era de natureza semi-logarítmica e que o processo de relaxação de tensões era acompanhado pela migração de curto alcance de átomos de soluto perto do núcleo da deslocação. A altura intrínseca da barreira de energia para o movimento do deslocamento relaxante foi de 2,3eV, que é da ordem de grandeza necessária para os processos de recuperação [34].F. Viana *et al.* (1999) estudaram as microestruturas da liga 7075 produzidas pelos tratamentos de retrogradação e reenvelhecimento por microscopia eletrónica de transmissão, difração de electrões e calorimetria diferencial de varrimento. De acordo com os seus resultados, a precipitação distribuía-se homogeneamente no interior dos grãos, era ligeiramente mais densa e mais estável do que a resultante da têmpera T6, enquanto a precipitação nos limites dos grãos era bastante diferente da resultante do tratamento T6, as partículas eram mais grosseiras e muito mais próximas da precipitação resultante da têmpera T7. A temperatura de retrogressão foi considerada o principal fator de controlo das propriedades. Uma temperatura de retrogressão mais elevada aumentou o grau de dissolução e promoveu a formação de precipitados mais estáveis e, por conseguinte, a microestrutura na reenvelhecimento [35].

A. Abolhasani *et al.* (2012) estudaram o efeito da tensão de laminação equivalente e da temperatura na evolução microestrutural e nas propriedades mecânicas da liga de alumínio 7075-T7351. Os seus resultados indicaram que as propriedades mecânicas da liga à temperatura ambiente foram significativamente influenciadas pela temperatura de laminagem na gama de temperaturas de 250-450 °C. Os espécimes que foram laminados a 350 °C mostraram uma queda na resistência e ductilidade. Este facto foi atribuído à ocorrência de recuperação dinâmica e precipitação dinâmica de fases ricas em Fe durante a laminagem a quente. A ductilidade e a resistência à temperatura ambiente começaram a melhorar novamente com o aumento da temperatura até 450 °C. Isto aconteceu devido à ocorrência de recristalização dinâmica e precipitação de fase M fina durante a laminagem a 450 °C [36].

A Mukherjee *et al.* (2015) estudaram a melhoria das propriedades mecânicas e as alterações associadas nas microestruturas através da realização de ensaios de compressão do Al 7075 T651 a uma taxa de deformação elevada utilizando a barra de pressão Split Hopkinson e a uma taxa de deformação lenta numa máquina de ensaios universal de 100KN. Utilizaram amostras cilíndricas de 6 mm de altura e 6 mm de diâmetro para comprimir dinamicamente. De acordo com o seu estudo, em ensaios de elevada taxa de deformação, as propriedades mecânicas, como a tensão de cedência e a tensão de retração, aumentam com o aumento da carga ou da velocidade de impacto. A taxas de deformação elevadas, foram observados grãos alongados de Al juntamente com precipitação fina nas microestruturas, ao passo que, a taxas de deformação lentas, o valor n aumenta com o aumento da carga. Também se investigou a influência das taxas de deformação nas propriedades mecânicas, na evolução da microestrutura e no comportamento de corrosão após o ensaio de imersão em solução de NaCl a 3,5% e verificou-se que a taxa de corrosão diminui com o aumento da carga durante a realização do ensaio de imersão em solução de NaCl a 3,5% em peso [37].

M. Tajally *et al.* (2010) estudaram a formabilidade de chapas de liga de alumínio 7075 após o recozimento de 71% de amostras trabalhadas a frio a diferentes temperaturas. Realizaram ensaios de tração uniaxial, estampagem profunda e ensaio Erichsen à temperatura ambiente para avaliar os parâmetros de formabilidade. As resistências máximas foram observadas na direção 90° à temperatura ambiente, enquanto o alongamento na direção 45° foi maior do que nas outras direcções. As folhas recozidas a uma temperatura superior a 350 °C apresentavam uma capacidade de estiramento e de tração relativamente boa. Concluindo, os parâmetros de formabilidade melhoram com o aumento da temperatura de recozimento e, por conseguinte, a formabilidade da liga 7075 Al pode ser melhorada através do recozimento das chapas a temperaturas entre 350 e 400 °C. Observou-se, a partir dos ensaios de tração, que as chapas recozidas a 400 °C/5 min possuíam uma boa ductilidade, o valor normal de anisotropia, um valor médio n elevado. As amostras recozidas a 400 °C mostraram uma maior altura da folha estirada igual a 7,95 mm à temperatura ambiente, o que indicou a melhor formabilidade em comparação com as folhas que foram recozidas a outras temperaturas [38].

W. S. Lee *et al.* (2000) estudaram experimentalmente as propriedades de impacto dinâmico da liga de alumínio 7075 utilizando uma barra Hopkinson dividida e investigaram a influência da taxa de deformação e da temperatura na evolução microestrutural, nos mecanismos de fratura e na ocorrência de localização de cisalhamento. Utilizaram espécimes cilíndricos de 10 mm de altura e 10 mm de diâmetro e comprimiram-nos dinamicamente a taxas de deformação constantes e a temperaturas que variavam entre 25 e 300 °C. Verificou-se que a resposta do material à tensão de compressão e à deformação dependia tanto da taxa de deformação como da temperatura. Descreveram o comportamento do material sob carga dinâmica através de uma equação constitutiva de deformação proposta por meio dos parâmetros do material determinados experimentalmente. De acordo com a sua análise de fratura, as bandas de cisalhamento adiabáticas desempenham um papel fundamental no processo de fratura dinâmica da liga de Al 7075. A superfície fracturada era relativamente lisa e continha muitas fissuras que são características da fratura frágil. As observações microestruturais revelaram que o refinamento do grão e o crescimento da segunda fase foram induzidos durante a deformação a alta velocidade e alta temperatura. Com o aumento da taxa de deformação e da temperatura, o tamanho dos grãos equi-axiais grosseiros iniciais reduziu-se devido à recristalização dinâmica. Enquanto na segunda fase, o aumento da taxa de deformação e da temperatura mostrou um efeito inverso, uma vez que a segunda fase aumenta de tamanho em resposta ao aumento da taxa de deformação e da temperatura [39].

CAPÍTULO 3

TRATAMENTO TÉRMICO E SIMULAÇÃO

3.1   COMPOSIÇÃO DO AL 7075

A liga de Al 7075 foi adquirida à Bharat Aerospace Materials Ltd. A composição da liga de alumínio 7075 é a seguinte

QUADRO 3.1 Composição do Al 7075

Elemento	Zn	Mg	Cu	Mn	Fe	Si	Cr	Ti	Al
Peso %	5.8	2.5	1.6	0.28	0.40	0.35	0.21	0.19	Equilíbrio

3.2   PROPRIEDADES DO ALUMÍNIO 7075

As propriedades da liga Al 7075 utilizada no presente estudo são

TABELA 3.2 Propriedades do Al 7075

Resistência à tração	274,36 MPa
Resistência ao escoamento	142,45 MPa
% de alongamento	9-11%

3.3   PREPARAÇÃO DE AMOSTRAS DE ENSAIO

O material foi adquirido à Bharat aerospace materials ltd. sob a forma de folha. A partir da folha, as amostras para o ensaio de tração foram cortadas de acordo com as normas ASTM E8 e as amostras para o ensaio de impacto foram cortadas de acordo com as normas ASTM E23.

3.4   TRATAMENTO TÉRMICO

No presente estudo, o tratamento térmico do Al 7075 é efectuado para investigar as propriedades mecânicas e a resistência à fratura do material. Foram utilizados determinados processos de tratamento térmico para melhorar as propriedades do material. O processo de tratamento térmico foi efectuado numa mufla com temperatura controlada. As amostras foram aquecidas até à temperatura de dissolução durante 3 horas.

A temperatura de dissolução foi fixada em 510 °C, com base em várias literaturas.

3.4.1 Resfriamento

Depois de aquecer as amostras até à temperatura de solidificação (510 °C) durante 3 horas, as amostras foram retiradas do forno e arrefecidas em água.

3.4.2 Recozimento

Quando a temperatura atingiu a temperatura de solução de 510 °C durante 3 horas, as amostras foram arrefecidas no forno a uma taxa de 40 °C por hora.

3.4.3 Normalização

Depois de as amostras terem sido aquecidas até à temperatura de dissolução (510 °C) durante 3 horas, foram retiradas do forno e deixadas a arrefecer ao ar à temperatura ambiente.

3.4.4 Tratamento anti-envelhecimento

Depois de aquecer as amostras até à temperatura de solução de 510 °C durante 3 horas, as amostras foram gradualmente arrefecidas até diferentes temperaturas de 140 °C, 180 °C e 220 °C e mantidas a essas temperaturas durante 36h, 24h e 12h, respetivamente.

3.5 ENSAIO DE TRACÇÃO

Ensaio de tração Os espécimes de "Dog Bone Shape" (forma de osso de cão) foram preparados de acordo com as normas ASTM E8, como se mostra na figura. Os ensaios de tração foram realizados numa máquina de ensaios universal de 1000 KN ligada a um computador para traçar as curvas tensão-deformação e registar a resistência à tração, a tensão de cedência e o alongamento. Os ensaios foram efectuados à temperatura ambiente.

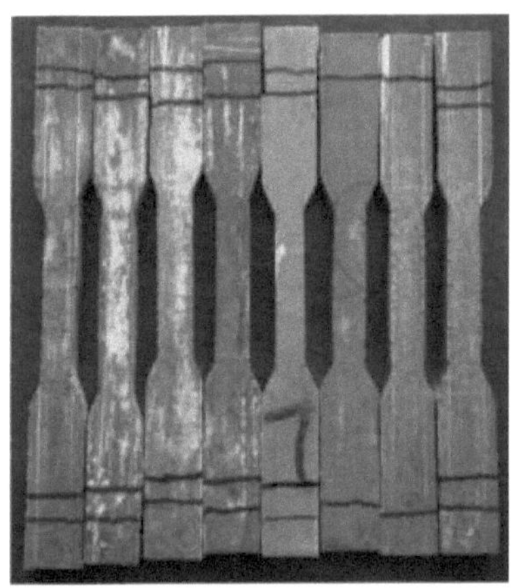 

FIGURA 3.1 Amostras de ensaio de tração FIGURA 3.2 Máquina de ensaio universal

3.6 ENSAIO DE IMPACTO

As amostras de impacto foram feitas de acordo com as normas ASTM E23. O impacto

Os ensaios efectuados foram ensaios de impacto charpy. Todos os ensaios foram efectuados à temperatura ambiente

temperatura. Abaixo estão as figuras do espécime de impacto e da máquina de ensaio de impacto charpy.

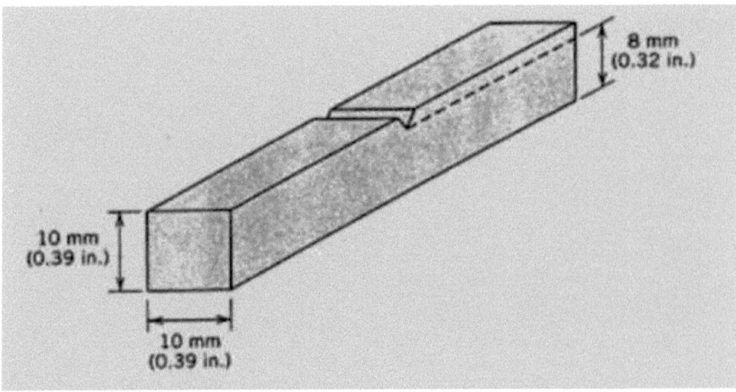

FIGURA 3.3 Dimensões da amostra de ensaio de impacto

FIGURA 3.4 Máquina de ensaio de impacto

3.7 AVALIAÇÃO MICROESTRUTURAL

Depois de efetuar vários tratamentos térmicos e testar as propriedades do material, foram realizados estudos microestruturais para compreender a analogia entre as propriedades microestruturais e as propriedades mecânicas da liga devido a várias operações de tratamento térmico.

3.8 SIMULAÇÃO DA PROPAGAÇÃO DE FISSURAS UTILIZANDO ABAQUS

Para avaliar o deslocamento de abertura da ponta da fenda (CTOD) da liga tratada termicamente, é utilizado o ABAQUS. No ABAQUS, o comportamento de propagação de fendas das amostras é investigado e, com base nisso, é calculado o CTOD. As propriedades das amostras tratadas termicamente a partir do ensaio de tração foram utilizadas no ABAQUS para analisar o comportamento de propagação de fendas das amostras, tais como a resistência à tração, a tensão de cedência e a deformação plástica, os danos maxps, etc.

CAPÍTULO 4

RESULTADOS E DISCUSSÃO

4.1 PROPRIEDADES MECÂNICAS

No presente capítulo, são apresentadas as propriedades mecânicas obtidas através de ensaios de tração e ensaios de impacto. As propriedades mecânicas dos provetes de tração foram medidas por uma máquina de ensaios universal e a energia de impacto foi medida por ensaios de impacto Charpy.

4.2 PROPRIEDADES DO ENSAIO DE TRACÇÃO

Os ensaios de tração foram realizados numa máquina universal de ensaios de 1000 KN e os dados do ensaio foram recebidos de um computador ligado à UTM. A partir do ensaio de tração, os valores de resistência à tração. A resistência ao escoamento e o alongamento foram registados. A tabela seguinte apresenta as propriedades mecânicas obtidas nos ensaios de tração: resistência à tração, limite de elasticidade, % de alongamento do Al 7075.

4.2.1 Caso 1- Normalização

TABELA4.1 Resultados da normalização

N.º da amostra	Tensão final Resistência (MPa)	Resistência ao escoamento (MPa)	% Alongamento
1	389.63	227.48	15
2	375.32	213.72	15
3	364.98	209.25	11

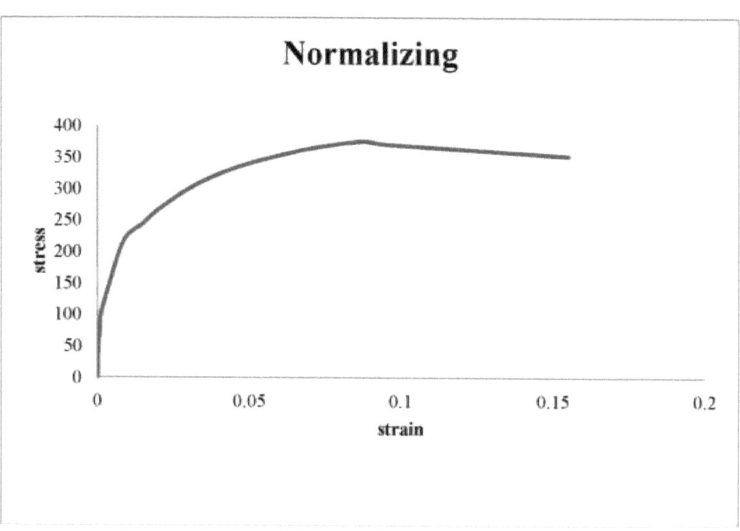

FIGURA 4.1 Tensão vs. deformação para normalização de amostras

Após a realização do tratamento de normalização, as propriedades mecânicas foram aumentadas em comparação com a liga sem tratamento térmico. A resistência à tração alcançada foi de 375,32, a tensão de cedência de 213,72 e o alongamento foi de 15%.

Caso 2- Recozimento

TABELA4.2 Resultados do recozimento

Número da amostra	Tensão final Resistência (MPa)	Resistência ao escoamento (MPa)	% de alongamento
1	261.35	126.73	21
2	235.96	114.45	20
3	196.2	103.57	14

As amostras recozidas apresentaram um bom alongamento com uma redução da resistência à tração e do limite de elasticidade. Como resultado do processo de recozimento, a resistência à tração foi de 235,96, a resistência ao escoamento foi de 114,45 e o alongamento foi de 20%.

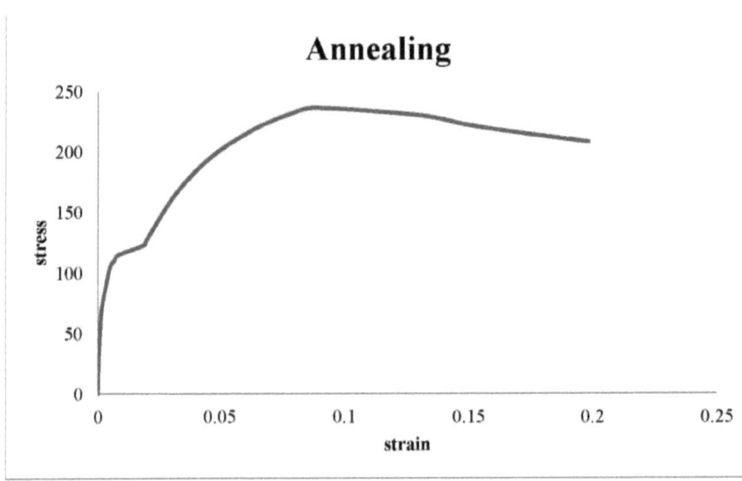

FIGURA 4.2 Tensão vs. deformação para amostras de recozimento

4.2.3 Caso 3 - arrefecimento

TABELA4.3 Resultados do arrefecimento

Número da amostra	Tensão final Resistência (MPa)	Resistência ao escoamento (MPa)	% Alongamento
1	551.25	380	13
2	544.63	378.7673	10
3	535.37	372.87	9

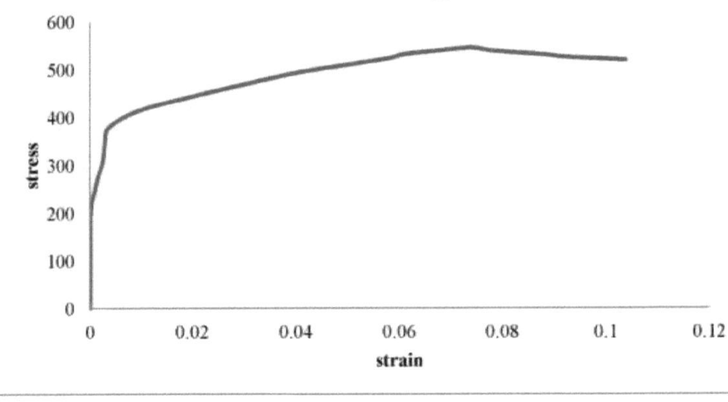

FIGURA 4.3 Tensão vs. deformação para amostras de arrefecimento

Como resultado da têmpera, as propriedades mecânicas das amostras foram substancialmente aumentadas. O material apresentou uma maior resistência à tração e resistência ao escoamento. Como resultado do teste de tração, a resistência à tração alcançada foi de 544,63, a resistência ao escoamento foi de 378,76 e o alongamento foi de 10%.

4.2.4 Caso 4- Envelhecimento a 140 °C durante 36 h

TABELA 4.4 Resultados do envelhecimento a 140 °C durante 36 h

Número da amostra	Tensão final Resistência (MPa)	Resistência ao escoamento (MPa)	% Alongamento
1	236.23	151.63	18
2	289.73	163.48	20

À medida que as amostras envelhecidas eram gradualmente arrefecidas, depois de aquecidas até 510 °C, até à temperatura de 140 °C e depois aquecidas a 140 °C durante 36 h. Como resultado deste aquecimento prolongado, as amostras mostraram um aumento do alongamento e outras propriedades mecânicas também mostraram bons resultados em comparação com as amostras recozidas. Após o envelhecimento a 140 °C durante 36 h, a resistência à tração foi de 289,73, a resistência ao escoamento de 163,48 e o alongamento de 20%.

FIGURA 4.4 Tensão vs. deformação para amostras envelhecidas a 140 °C durante 36 h

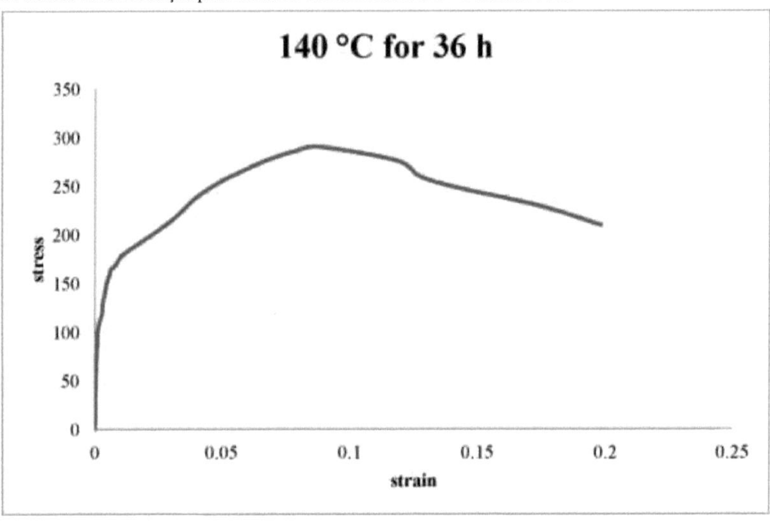

Caso 5- Envelhecimento a 180 °C durante 24 h

TABELA 4.5 Resultados do envelhecimento a 180 °C durante 24 h

Número da amostra	Tensão final Resistência (MPa)	Resistência ao escoamento (MPa)	% Alongamento
1	247.31	129.67	17
2	262.50	136.25	18

Quando a temperatura e a duração do envelhecimento foram alteradas de 140 °C durante 36 h para 180 °C durante 24 h, as amostras apresentaram propriedades diferentes das anteriores. Como resultado do envelhecimento a 180 °C durante 24 h, a resistência à tração adquirida foi de 262,50, a resistência ao escoamento de 136,25 e o alongamento de 18%.

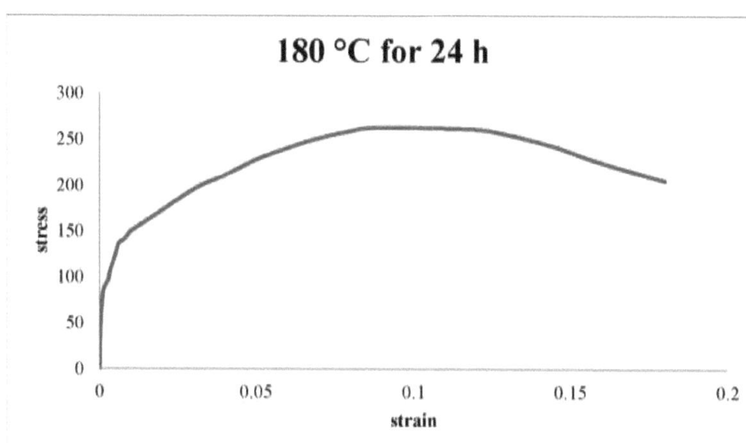

FIGURA 4.5 Tensão vs. deformação para amostras envelhecidas a 180 °C durante 24 h

Caso 6 - Envelhecimento a 220 °C durante 12h

TABELA 4.6 Resultados do envelhecimento a 220 °C durante 12 h

Número da amostra	Tensão final Resistência (MPa)	Resistência ao escoamento (MPa)	% Alongamento
1	246.39	133.93	16
2	257.71	131.46	16

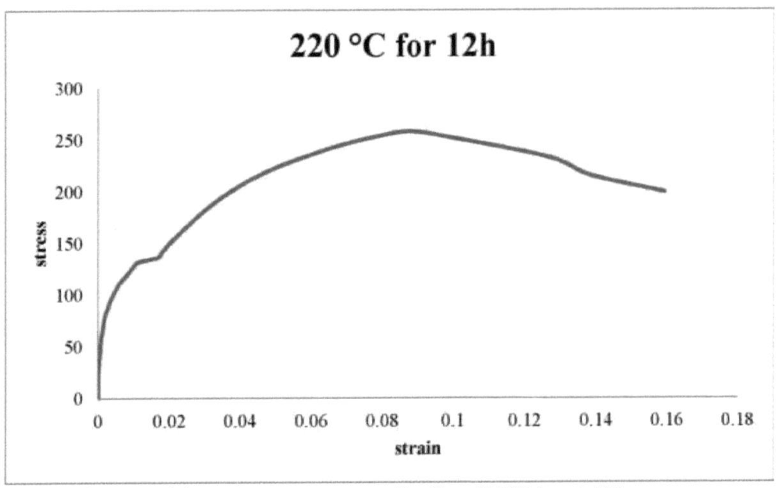

FIGURE 4.6 Tensão vs. deformação para amostras envelhecidas a 220 °C durante 12 h

Após o envelhecimento a 220 °C durante 12h, as propriedades mecânicas estavam em conformidade com outros tratamentos de envelhecimento, mas as propriedades eram um pouco baixas. Os resultados obtidos através do envelhecimento a 220 °C durante 12h foram a resistência à tração 257,71, a resistência ao escoamento 131,46, o alongamento 16%.

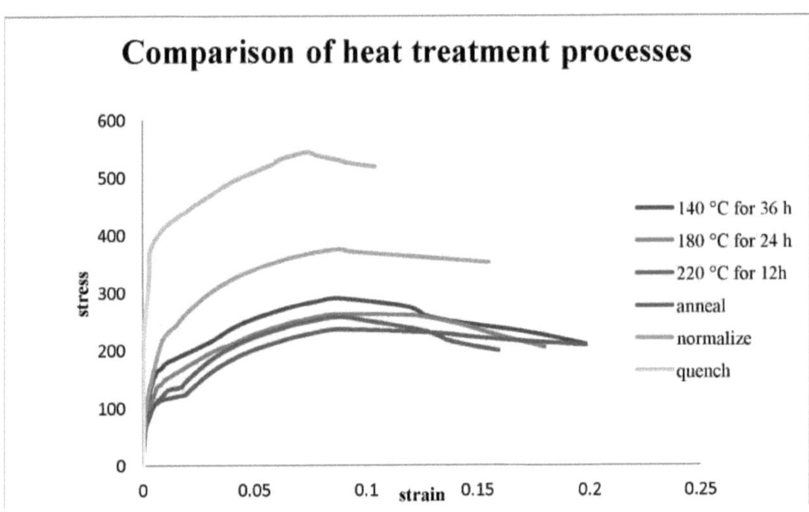

4.3 COMPARAÇÃO DOS PROCESSOS DE TRATAMENTO TÉRMICO

Comparando todos os processos acima mencionados, com base nos dados experimentais, as propriedades de tração das amostras temperadas são superiores a qualquer dos outros processos, o que também está de acordo com várias literaturas. O limite de elasticidade das amostras temperadas é também superior ao dos outros processos. No caso da % de deformação (alongamento), as amostras envelhecidas a 140 °C durante 36 h apresentaram a percentagem de alongamento mais elevada, juntamente com as amostras recozidas, seguidas das amostras envelhecidas a 180 °C durante 24 h, 220 °C durante 12 h, das amostras normalizadas e das amostras temperadas.

4. 4 RESISTÊNCIA À TRACÇÃO DE AMOSTRAS ENVELHECIDAS

Quanto ao tratamento de envelhecimento, a resistência à tração final do material depende em grande medida da temperatura de envelhecimento e varia em conformidade com esta. Nas amostras envelhecidas atualmente investigadas, o comportamento da resistência à tração final indicou um padrão decrescente com o aumento da temperatura de envelhecimento.

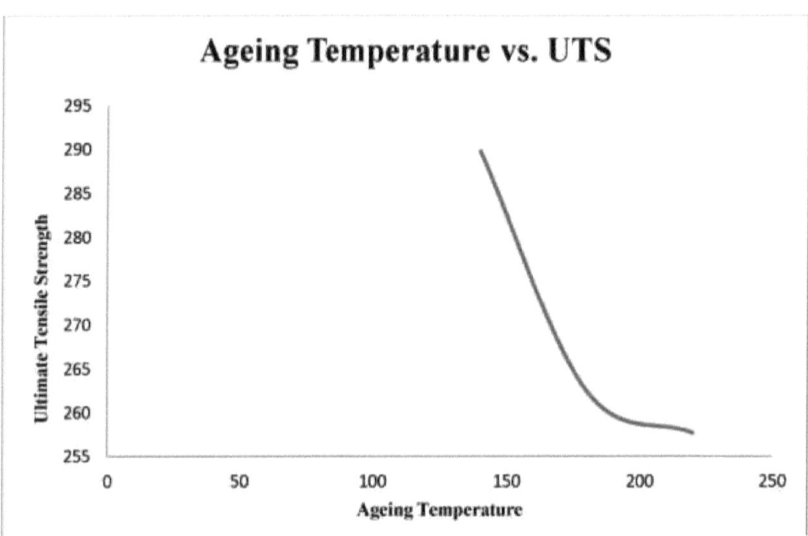

FIGURA 4.8 Temperatura de envelhecimento vs. UTS para amostras envelhecidas

4.5 ALONGAMENTO   EM AMOSTRAS ENVELHECIDAS

Ao comparar a % de alongamento das amostras envelhecidas, o gráfico de temperatura de envelhecimento vs. % de alongamento mostrou um padrão linear indicando uma diminuição no comportamento de alongamento das amostras com o aumento da temperatura.

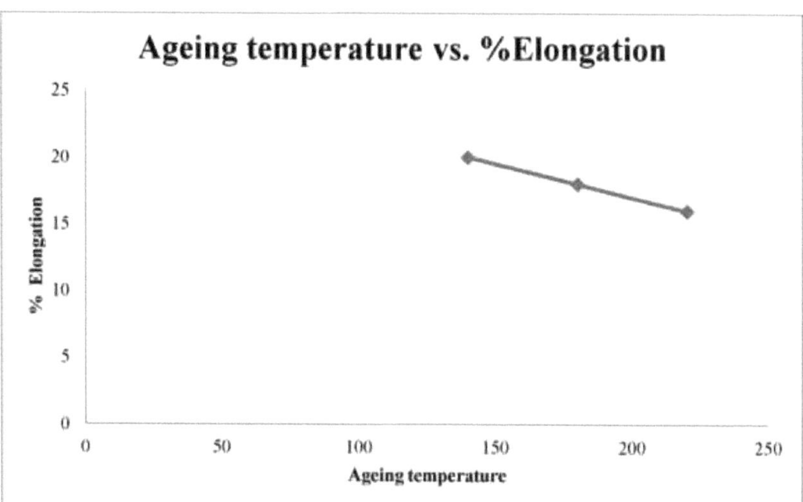

FIGURA 4.9 Temperatura de envelhecimento vs. alongamento para amostras envelhecidas

4.6   COMPORTAMENTO DE IMPACTO

Todas as amostras de ensaio de impacto foram fabricadas de acordo com as normas ASTM E23. O tamanho das amostras foi fixado em 55x10 mm. Os ensaios de impacto foram efectuados à temperatura ambiente. De acordo com os resultados, a energia de impacto das amostras aumentou à medida que a ductilidade das amostras aumentou. A energia de impacto da amostra como recebida era de cerca de 16J, tendo aumentado até 23J para a amostra recozida, o que representa um aumento de cerca de 43% na energia de impacto das amostras. Já para as amostras envelhecidas a 140^0 C durante 36h, a energia de impacto foi mais elevada, com 26J, o que representa um aumento de cerca de 60% na energia de impacto das amostras tratadas termicamente.

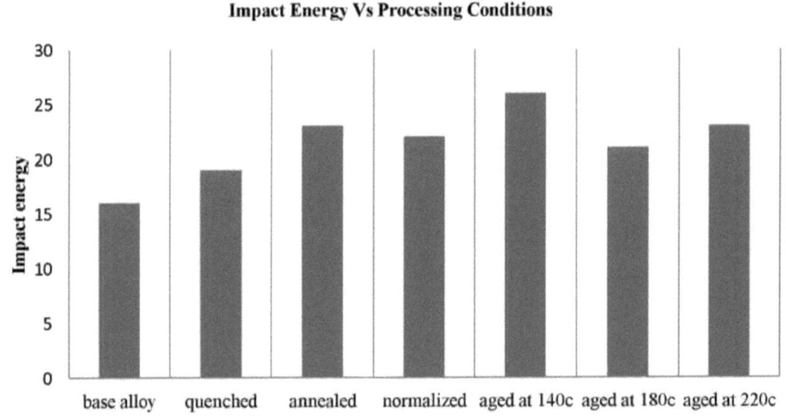

FIGURA 4.10 Energia de impacto vs. Condições de processamento de amostras tratadas termicamente

CAPÍTULO 5

PROPRIEDADES MICROESTRUTURAIS

5.1. AVALIAÇÃO MICROESTRUTURAL

As microestruturas ajudam a compreender o comportamento mecânico do material, fornecendo uma base para caraterizar as propriedades do material de acordo com as alterações correspondentes nas suas microestruturas.

5.2. MICROESTRUTURA DAS AMOSTRAS TRATADAS TERMICAMENTE

Após o tratamento térmico, as amostras foram submetidas ao processo de seleção de amostras, trituração e polimento. Não se utilizou o condicionador, uma vez que a microestrutura era claramente visível sem ele. A morfologia microestrutural foi então caracterizada por microscopia ótica. Os resultados do estudo microestrutural das amostras tratadas termicamente são apresentados aqui

5.2.1   Caso 1 - Recozimento

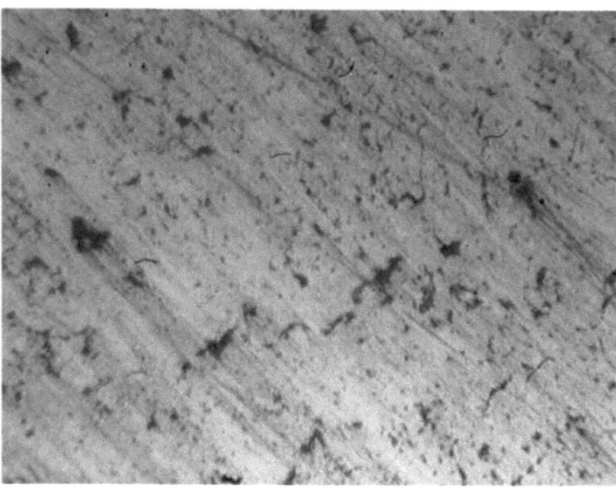

FIGURA 5.1 Microestrutura da amostra recozida (a)

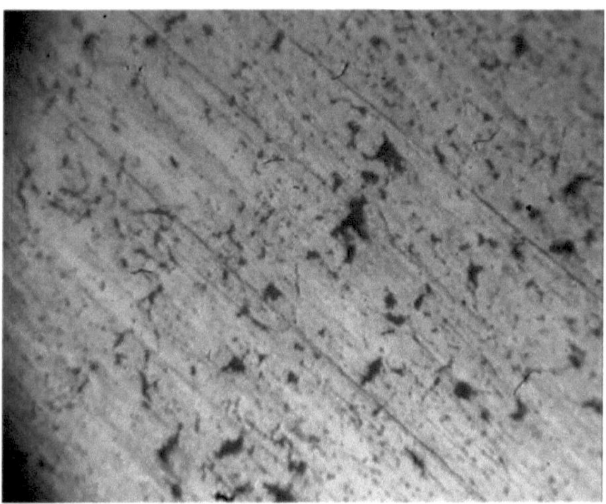

FIGURA 5.2 Microestrutura da amostra recozida (b)

Na microestrutura das amostras recozidas, é evidente a presença da fase MgZn2 na matriz de alumínio. A fase MgZn2 presente consistia em grãos grosseiros que se distribuíam de forma não uniforme na matriz de alumínio.

5.2.2 Caso 2 - Normalização

Quando as microestruturas das amostras de normalização foram analisadas, verificou-se a presença de micro-segregações de MgZn2 na matriz de alumínio. Num estudo sobre a evolução de estruturas eutécticas em ligas Al-Zn-Mg-Cu, Fan et al.[40] afirmaram que várias fases intermetálicas grosseiras, tais como MgZn2, Al2Mg3Zn3, Al2CuMg, Al2Cu, Al7Cu2Fe, Mg2Si e Al13Fe4, podem formar-se durante a solidificação de ligas de alumínio da série 7000, em resultado da redistribuição de soluto dos metais. A presente análise da micro-segregação de MgZn2 na liga de alumínio 7075 está de acordo com os resultados anteriores. O aumento da resistência das amostras normalizadas pode ser atribuído à presença destas micro-segregações.

FIGURA 5.3 Microestrutura da amostra normalizada (a)

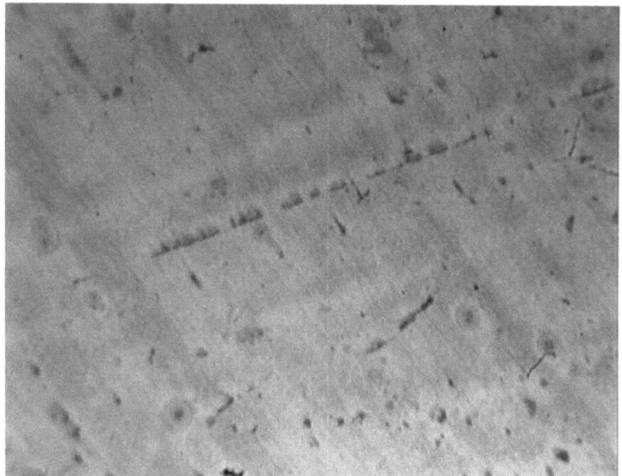

FIGURA 5.4 Microestrutura da amostra normalizada (b)

5.2.3   Caso 3 - Arrefecimento

A microestrutura das amostras temperadas revelou que a fase MgZn2 estava presente na matriz de alumínio. Mas os grãos estavam distribuídos de forma não uniforme na região. A razão da presença desta fase MgZn2 na matriz de alumínio foi o facto de, numa amostra arrefecida rapidamente, não ser possível a redistribuição de soluto de Mg e Zn, pelo que não se forma a microssegregação de MgZn2.

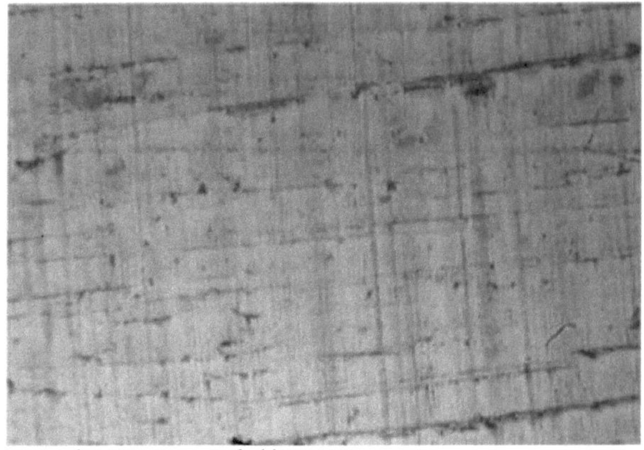

FIGURA 5.5 Microestrutura da amostra temperada (a)

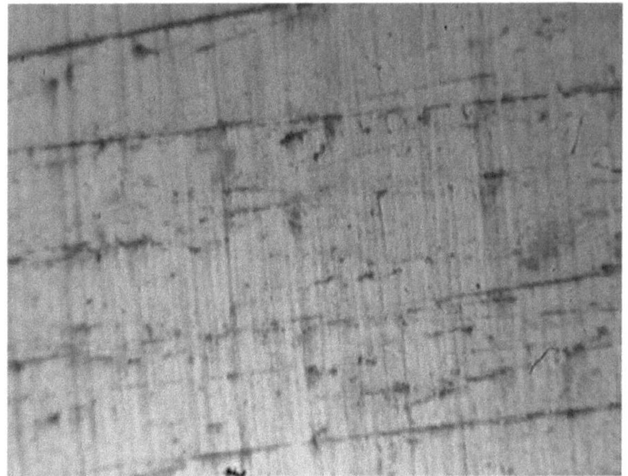

FIGURA 5.6 Microestrutura da amostra temperada (b)

5.2.4   Caso 4- 140 °C durante 36h

Nas amostras envelhecidas a 140 °C durante 36 horas, a microestrutura mostrava grãos finos com uma estrutura uniformemente distribuída. Nas amostras actuais, o precipitado de MgZn2 foi encontrado na matriz de alumínio. As micro-segregações formadas devido ao arrefecimento gradual são dissolvidas durante o período de envelhecimento das operações de tratamento térmico e forma-se uma fase homogénea, além disso, as micro-segregações desaparecem após o arrefecimento subsequente. A eliminação de micro-segregações após operações de tratamento térmico de recozimento e envelhecimento foi previamente relatada em que o grau de micro-segregação reduzido devido ao tratamento com solução de

Liga de alumínio forjado 2024.

FIGURA 5.7 Microestrutura da amostra envelhecida a 140 °C durante 36 h (a)

FIGURA 5.8 Microestrutura da amostra envelhecida a 140 °C durante 36 h (b)

5.2.5   Caso 5 -180 °C durante 24 h

De acordo com o estudo microestrutural das amostras envelhecidas a 180 °C durante 24 horas, os precipitados da fase MgZn2 estavam presentes em toda a estrutura. Os grãos eram grosseiros e o seu tamanho era grande. Mas estes grãos grandes e grosseiros estavam distribuídos uniformemente por toda a região da matriz de alumínio.

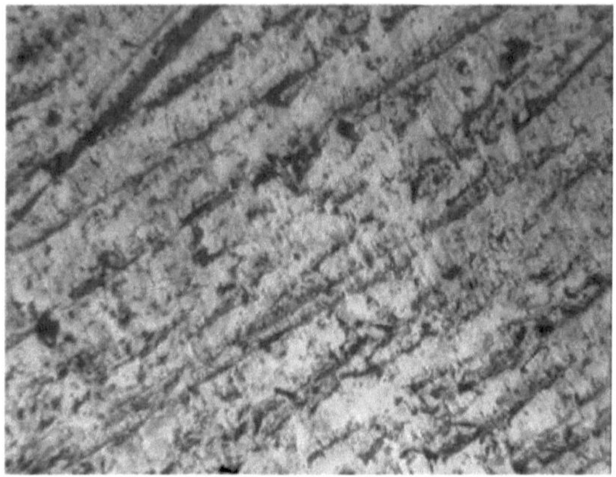

FIGURA 5.9 Microestrutura da amostra envelhecida a 180 °C durante 24 horas (a)

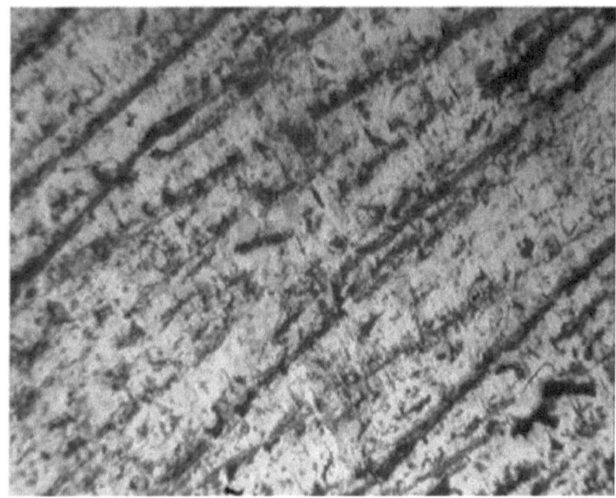

FIGURA 5.10 Microestrutura da amostra envelhecida a 180 °C durante 24 horas (b)

5.2.6   Caso 6-220 °C durante 12 h

A microestrutura das amostras envelhecidas a 220 °C durante 12 h mostra que os grãos dos precipitados de MgZn2 se tornaram grosseiros devido ao aumento da temperatura de envelhecimento. A microestrutura das amostras actuais mostra que os grãos grosseiros dos precipitados de MgZn2 se distribuem de forma não uniforme pela matriz de alumínio.

FIGURA 5.11 Microestrutura da amostra envelhecida a 220 °C durante 12h (a)

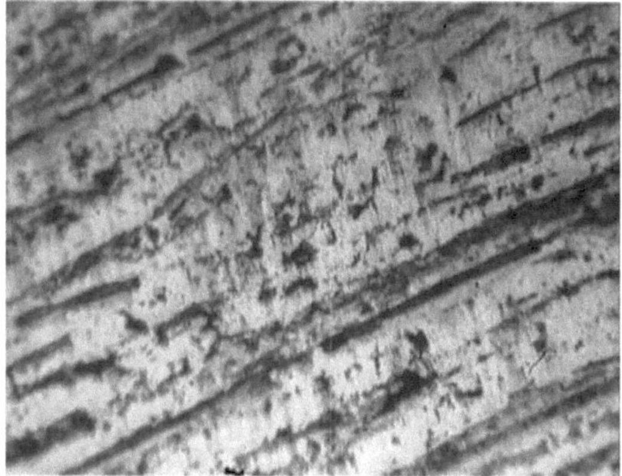

FIGURA 5.12 Microestrutura da amostra envelhecida a 220 °C durante 12h (b)

CAPÍTULO 6

SIMULAÇÃO DA PROPAGAÇÃO DE FISSURAS

6.1   SIMULAÇÃO DA PROPAGAÇÃO DE FISSURAS UTILIZANDO

ABAQUS

O efeito do tratamento térmico no comportamento de propagação de fissuras da liga é avaliado utilizando a plataforma de simulação ABAQUS. Para investigar o comportamento da propagação de fissuras, é modelado no ABAQUS um provete de tensão compacto 2D de acordo com as normas ASTM. As dimensões do provete CT são 62,5mm.*60mm. A ponta do entalhe foi feita sem corte em vez de afiada com um raio de entalhe de 0,17 mm. A distância da ponta da fenda à linha de carga é de 21,5 mm. Para aplicar as cargas à amostra de TC, foram modelados dois pinos rígidos. Os pontos de referência foram atribuídos a ambos os pinos para efeitos de aplicação da carga.

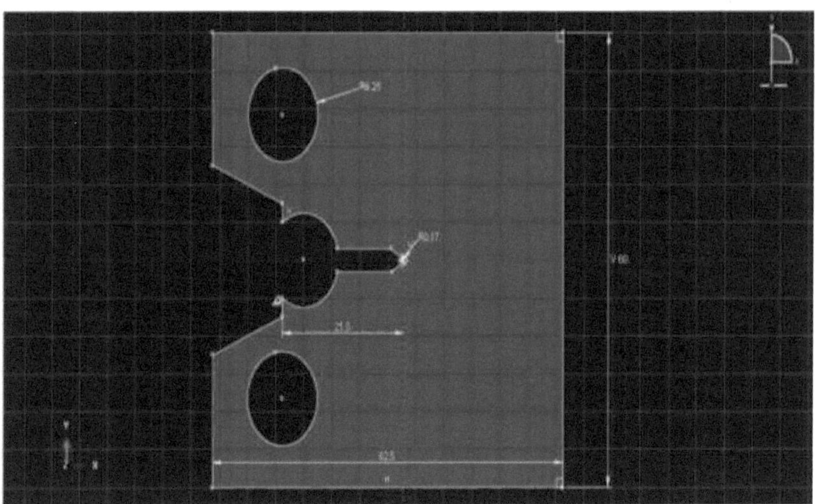

FIGURA 6.1 Modo do provete de tração **compacto**

6.2   ETAPAS DA SIMULAÇÃO

Os passos seguintes são utilizados na simulação com o ABAQUS.

1.   Parte

2.   Imóveis

3.   Montagem

4.   Interação

5.   Carga

6.   Malha

7.   Emprego

8.   Visualização

Após a modelação do espécime CT, as propriedades do material e os critérios de dano para a liga tratada termicamente foram fornecidos na secção de propriedades. Em seguida, os pinos e o provete de TC foram montados e as suas propriedades de interação foram definidas. A carga/deslocamento foi aplicada no provete e a malha foi efectuada. Finalmente, o trabalho foi submetido a simulação.

6.3   FORÇA VS. DESLOCAMENTO DA LINHA DE CARGA

A curva força vs. deslocamento foi desenhada para amostras de ligas tratadas termicamente para avaliar o seu comportamento à fratura. À medida que a força aumenta, o deslocamento da linha de carga também indica um comportamento crescente. O deslocamento máximo da linha de carga foi de 5 mm. para cada amostra, mas o valor da força crítica ou máxima variou.

6.3.1   Amostras recozidas

A amostra recozida mostrou um comportamento de força crescente até ao deslocamento de cerca de 5 mm, com uma força máxima de 3,5 KN. O valor elevado do deslocamento da linha de carga na força máxima pode ser uma indicação da elevada ductilidade da amostra recozida.

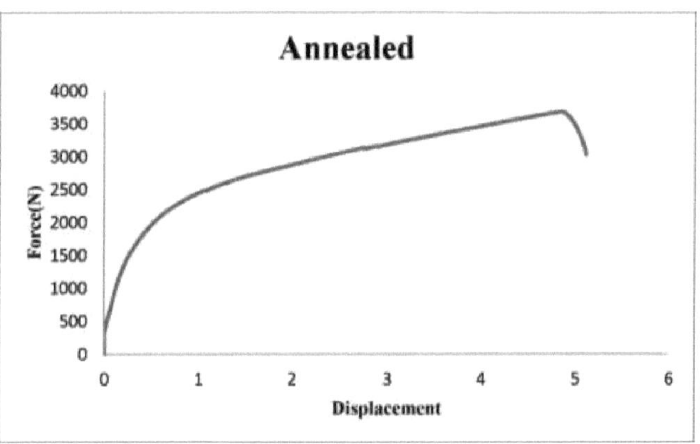

FIGURA 6.2 Curva Força vs. Deslocamento da amostra recozida

6.3.2   Amostras normalizadas

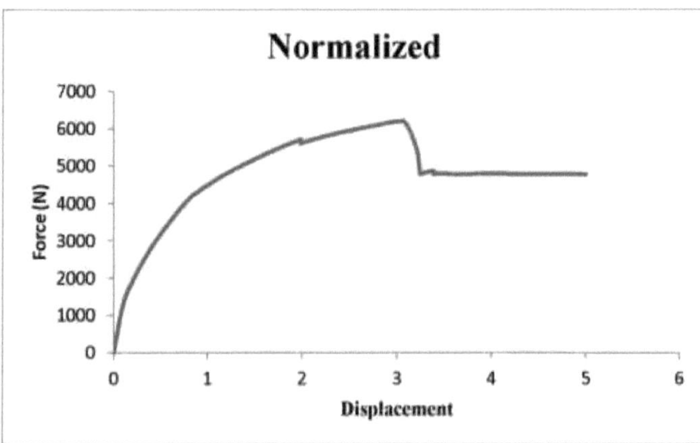

FIGURA 6.3 Curva Força vs. Deslocamento da amostra normalizada

A amostra normalizada atingiu uma força máxima de 6,2 KN com um deslocamento da linha de carga de 3 mm na força máxima. A amostra normalizada possuía propriedades médias de deslocamento e força máxima.

6.3.3 Amostras temperadas

Na amostra temperada, o pico de força foi mais elevado do que em qualquer outra amostra tratada termicamente. A amostra temperada apresentou um deslocamento da linha de carga de 2,3 mm a uma força máxima de 9,3 KN. O aumento da resistência da amostra temperada é a razão para uma força máxima de 9,3 KN.

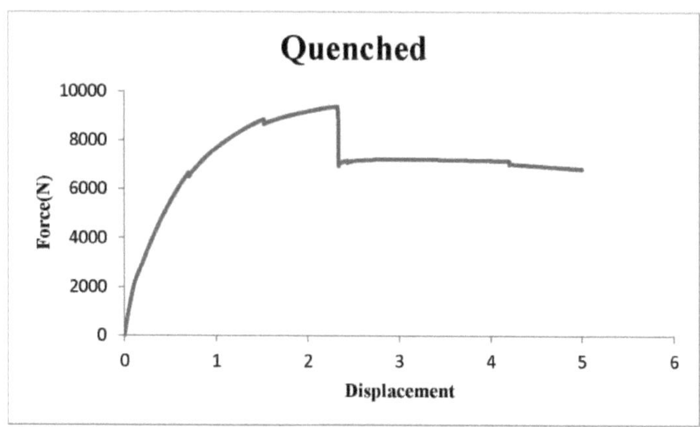

FIGURA 6.4 Curva Força vs. Deslocamento da amostra temperada

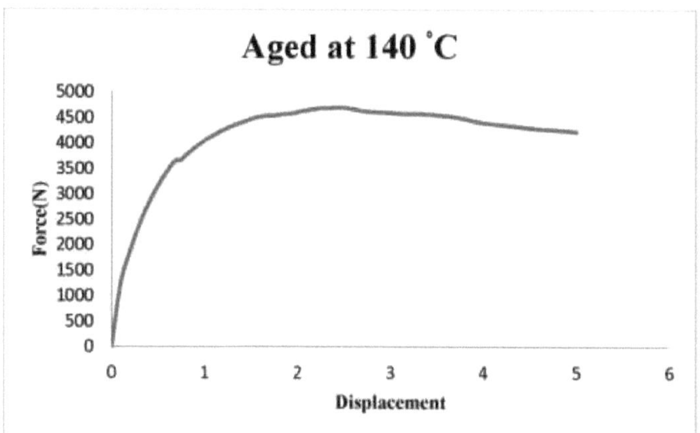

6.3.4 Amostras envelhecidas a 140 C°

FIGURA 6.5 Curva Força vs. Deslocamento da amostra envelhecida a 140 C°

A amostra envelhecida a 140 °C durante 36 h apresentou uma deslocação da linha de carga de cerca de 2,5 mm para uma força máxima de 4,7 KN. Não se registaram vibrações acentuadas no gráfico da amostra.

6.3.5 Amostras envelhecidas a 180 C°

Para a amostra envelhecida a 180 °C durante 24 h, a força máxima obtida foi de cerca de 4,2 KN, com um deslocamento da linha de carga de 2,7 mm no pico da força.

6.3.6 Amostras envelhecidas a 220 C°

Na amostra envelhecida a 220 °C, o deslocamento da linha de carga na força de pico foi de 3,2 mm e a força de pico máxima foi de cerca de 3,2 KN. Nas amostras envelhecidas, a temperatura de 140 °C conferiu boas propriedades, ao passo que as amostras tratadas a 220 °C apresentaram propriedades um pouco baixas.

6.   4COMPORTAMENTO DE FENDAS E DISTRIBUIÇÃO DE TENSÕES

DO PROVETE DEFORMADO

O comportamento das fissuras e as propriedades de distribuição de tensões do provete de ct variaram com os diferentes processos de tratamento térmico. De seguida, apresentam-se as imagens que representam

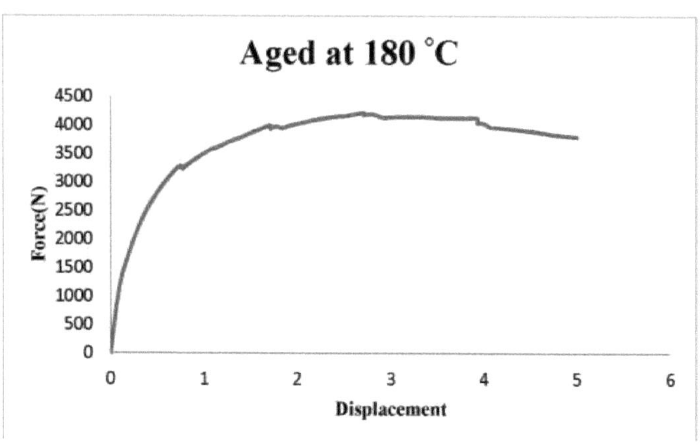

Aged at 180 °C
Force(N)
4500
4000
3500
3000
2500
2000
1500
1000
500
0
0
1
2
3
4
5
6
Displacement

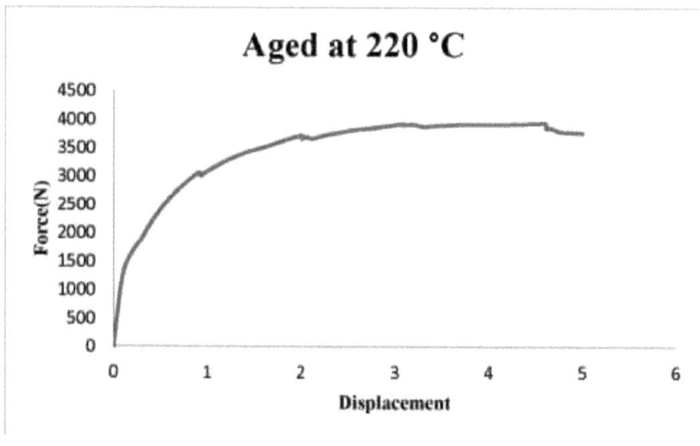

Aged at 220 °C
Force(N)
4500
4000
3500
3000
2500
2000
1500
1000
500
0
0
1
2
3
4
5
6
Displacement

comportamento de fissuras num provete deformado e distribuição de tensões num ct espécime.

6.4.1   Recozido

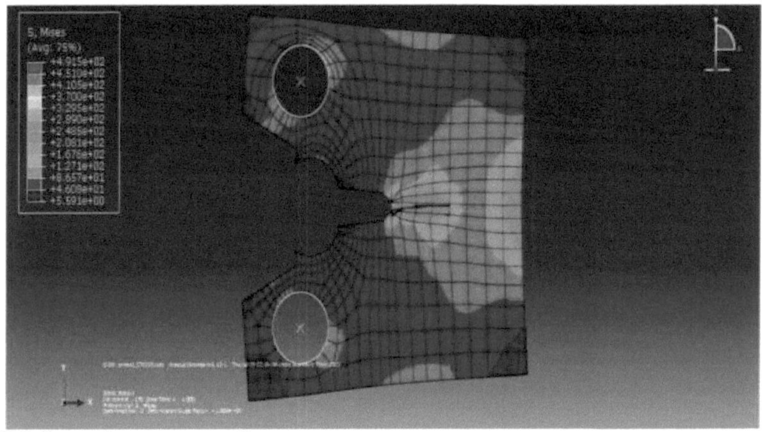

FIGURA 6.8 Perfil de fissuras de amostras recozidas

6.4.2   Normalizado

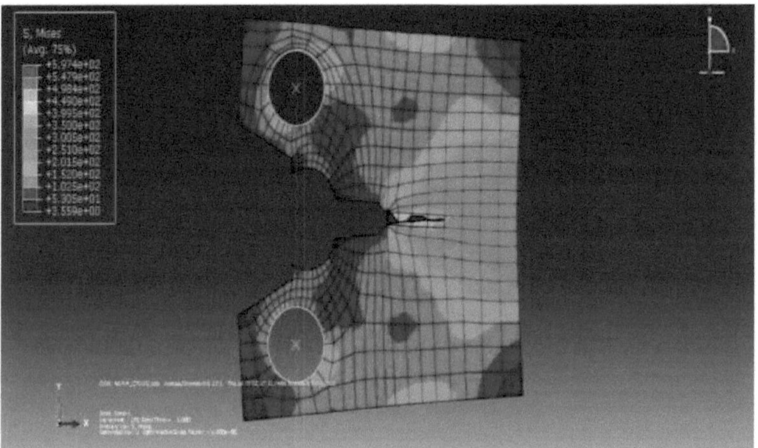

FIGURA 6.9 Perfil de fissuras de amostras normalizadas

6.4.3 Revenido

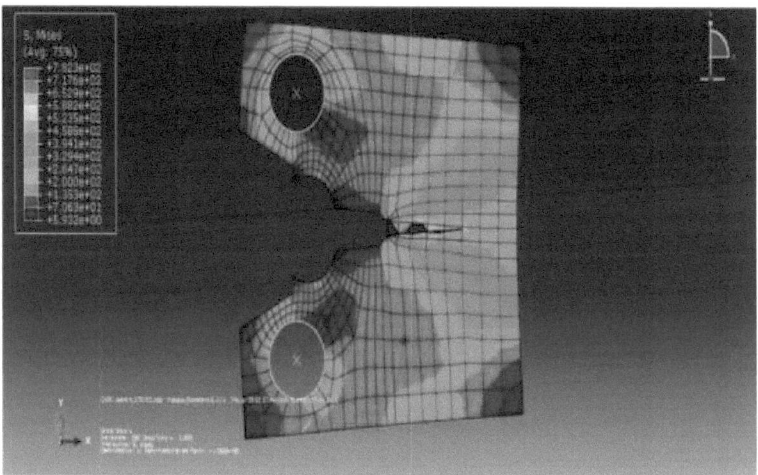

FIGURA 6.10 Perfil de fissuras de amostras temperadas

6.4.4 Envelhecido a 140 C°

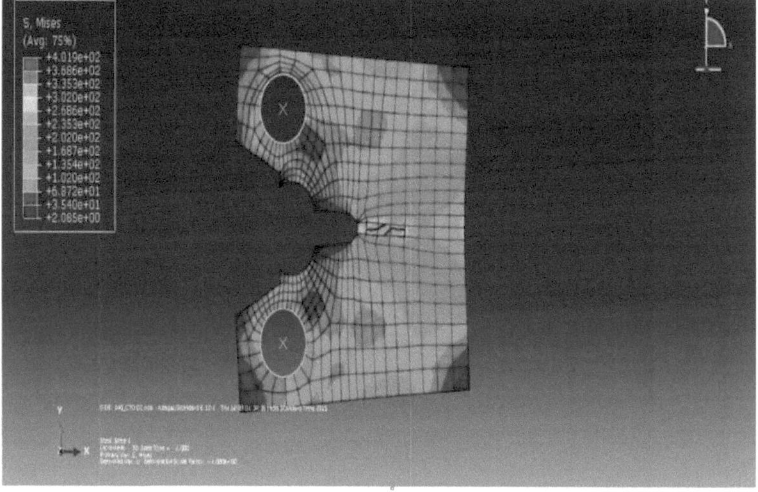

FIGURA 6.11 Perfil de fissuração das amostras envelhecidas a 140 C

6.4.5 Envelhecido a 180 C°

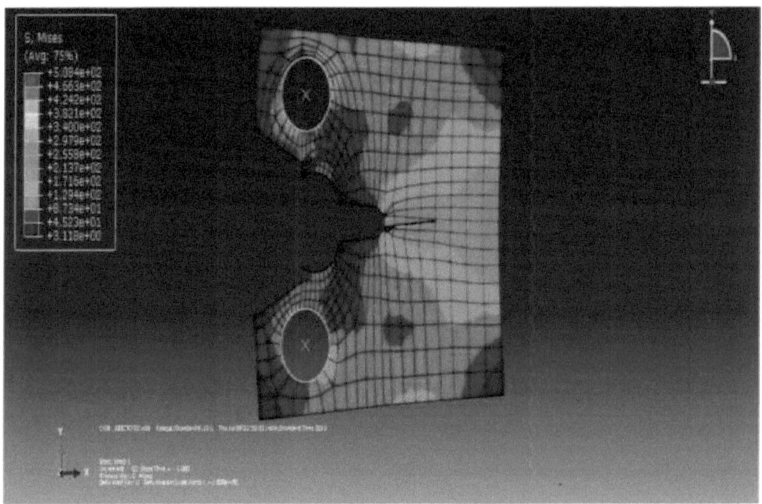

FIGURA 6.12 Perfil de fissuras das amostras envelhecidas a 180 C°

6.4.6 Envelhecido a 220 C°

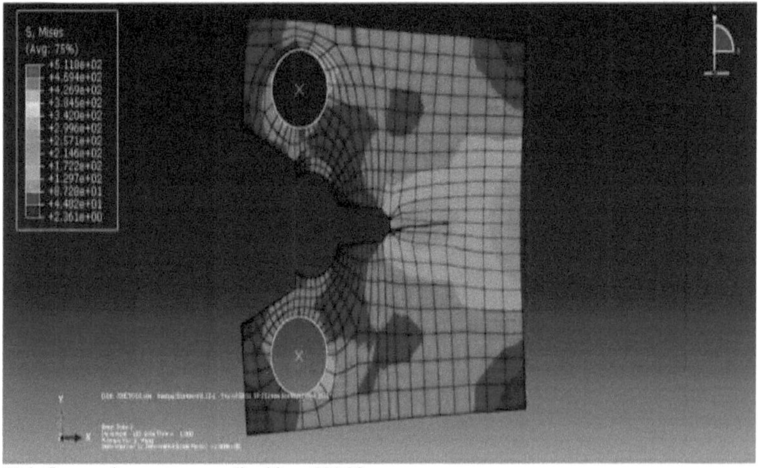

FIGURA 6.13 Perfil de fissuras de amostras envelhecidas a 220 °C

6. 5DESLOCAMENTO DE ABERTURA DA PONTA DA FENDA (CTOD)

O deslocamento da abertura da ponta da fenda no pico da força de carga é determinado porque a iniciação da fenda ocorre ao mesmo tempo que a força de carga começa a diminuir[40]. O deslocamento da linha de carga de todas as amostras tratadas termicamente foi de 5 mm, mas a força de pico na qual ocorreu a iniciação da fenda foi diferente para todas as amostras.

TABELA 6.1 CTOD, deslocamento da linha de carga, força de pico das amostras tratadas termicamente

Processo	CTOD (mm.)	Deslocamento da linha de carga (mm.)	Força de pico (N)
Recozimento	1.83792	4.86683	3682.62
Normalização	1.217154	3.06513	6208.88
Resfriamento	0.965557	2.32649	9379.6
Envelhecido a 140 °C	0.99833	2.44597	4693.74
Envelhecido a 180 °C	1.079916	2.71034	4214.58
Envelhecido a 220 °C	1.196182	3.09122	3929.12

A amostra recozida apresentou o valor mais elevado de força de pico (9,3 KN), enquanto as amostras recozidas apresentaram a força de pico mais baixa de 3,6 KN. No entanto, para o deslocamento da linha de carga e o CTOD, o comportamento foi exatamente oposto, uma vez que a amostra recozida apresentou o deslocamento máximo da linha de carga e o deslocamento da abertura da ponta da fenda na força de pico, enquanto a amostra recozida apresentou o valor mais baixo na força de pico. A amostra normalizada apresentou um valor moderado de todos os três parâmetros (força de pico, deslocamento da linha de carga e CTOD). O comportamento de abertura da ponta da fenda de todas as amostras tratadas termicamente sugeriu que a amostra recozida possuía um CTOD mais elevado na força de pico devido à elevada ductilidade, ao passo que o CTOD das amostras recozidas na força de pico era baixo, uma vez que apresentavam menor ductilidade. Esta foi também a razão para o comportamento do deslocamento da linha de carga. O aumento da resistência pode ser responsável pelo elevado valor da força de pico da amostra temperada.

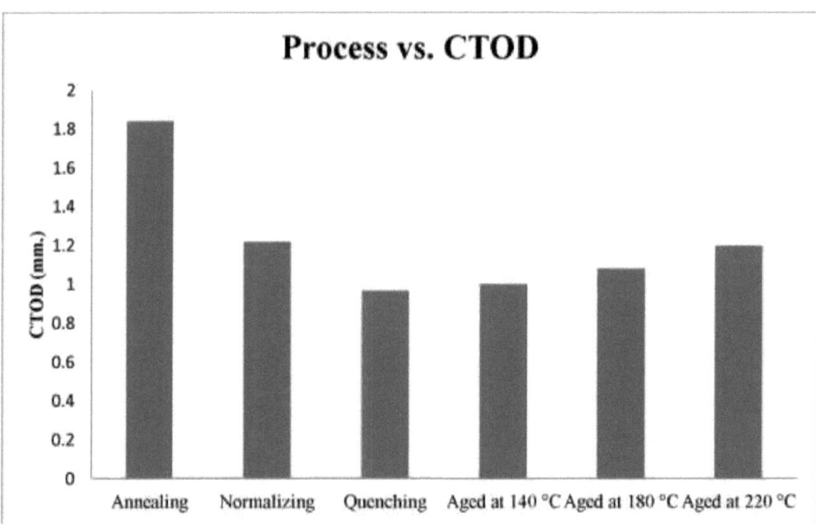

FIGURA 6.14 CTOD de amostras tratadas termicamente

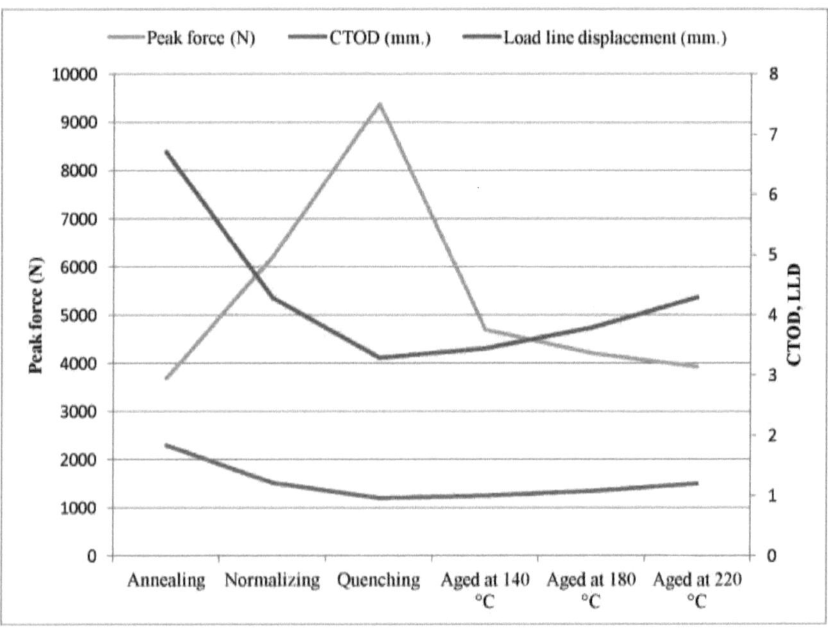

FIGURA 6.15 Comparação dos processos de tratamento térmico

CAPÍTULO 7
CONCLUSÃO

No presente trabalho, foi efectuado o tratamento térmico do alumínio 7075 e as propriedades mecânicas foram caracterizadas com base em ensaios de tração e de impacto. Após a realização dos ensaios acima referidos, foram observadas as microestruturas das amostras para determinar a relação entre as propriedades mecânicas e as microestruturas das amostras. Ao comparar as propriedades e as características das amostras processadas termicamente, foram tiradas as seguintes conclusões

1.	Após a realização de processos de tratamento térmico e de envelhecimento a várias temperaturas durante diferentes períodos de tempo, pode concluir-se que as amostras temperadas possuíam a resistência máxima à tração, enquanto as amostras recozidas possuíam a mais baixa. No caso de apenas amostras envelhecidas, a temperatura de 140 °C afectou de forma positiva o comportamento à tração das amostras. As amostras processadas a 140 °C apresentaram a maior resistência à tração, diminuindo à medida que a temperatura aumentava, com 220 °C a apresentar a menor.

2.	Quanto à tensão de cedência das amostras, as amostras temperadas apresentaram a tensão de cedência mais elevada, enquanto as amostras recozidas possuíam a tensão de cedência mais baixa. Para as amostras envelhecidas, a gama de temperaturas de 140 °C conferiu a tensão de cedência mais elevada, que diminuiu numa ordem crescente, mostrando a tensão de cedência mais baixa nas amostras envelhecidas a 220 °C.

3.	O alongamento das amostras aumentou com o aumento do tempo de arrefecimento até uma determinada temperatura. As amostras recozidas possuíam a percentagem mais elevada de alongamento, que era de cerca de 20%, ao passo que as amostras temperadas possuíam a percentagem mais baixa de alongamento (10%). Quanto às amostras envelhecidas, a temperatura de processamento de 140 °C durante 36 h conferiu à amostra a percentagem de alongamento mais elevada, ao passo que as amostras processadas a 220 °C durante 12 h apresentaram a percentagem de alongamento mais baixa.

4.   O estudo microestrutural das amostras mostrou que a micro-segregação da fase MgZn2 desempenhou um papel importante na melhoria das propriedades das amostras. O aumento da resistência à tração e do limite de elasticidade das amostras normalizadas é o resultado desta micro-segregação.

5.   Nas amostras recozidas, a fase MgZn2 estava presente, mas os grãos eram grosseiros e estavam distribuídos de forma não uniforme sobre a matriz de alumínio. Este facto resultou no comportamento de baixa resistência das amostras recozidas.

6.   No estudo microestrutural das amostras envelhecidas, as amostras envelhecidas a 140 °C durante 36 h mostraram que os grãos finos de precipitados de MgZn2 distribuídos uniformemente sobre a matriz de alumínio conferiam uma boa resistência e alongamento às amostras, ao passo que noutras temperaturas de envelhecimento os grãos se tornaram grosseiros e a sua distribuição não era uniforme, o que resultou numa diminuição das propriedades de resistência e alongamento das amostras.

7.   De acordo com os resultados obtidos a partir da simulação, o processo de arrefecimento deu bons resultados à liga, uma vez que a energia absorvida por unidade de área aumentou significativamente, mas a região de plasticidade foi reduzida. A força máxima necessária para a propagação da fissura também foi elevada para as amostras submetidas à têmpera. Quanto às amostras recozidas, a região de plasticidade era grande, mas a força e a energia crítica por unidade de área eram significativamente baixas. As amostras envelhecidas também apresentaram baixa absorção de energia e baixo valor da força necessária para iniciar a fenda, mas a região de plasticidade aumentou em todas as amostras envelhecidas.

Assim, em conclusão, o tratamento térmico conferiu certamente boas propriedades à liga Al 7075. Todos os processos mostraram propriedades melhoradas em comparação com a liga de base. Nas amostras envelhecidas, a resistência aumentou, mas a deformação aumentou muito significativamente. As amostras temperadas, de todas as amostras, apresentaram um aumento significativo das propriedades.

REFERÊNCIAS

1.   Abundância na crosta terrestre para todos os elementos da Tabela Periódica, http://www.periodictable.com/Properties/A/CrustAbundance.html

2.   Alumínio, http://www. fact-index.com/a/al/aluminium.html

3.   A. K. Mishra, R. Balasubramaniam, Inibição da corrosão do alumínio por cloretos de terras raras. *Mater. Chem. Phys.* 103(2007) 385-393

4.   http://www.Aluminium.org/Content/NavigationMenu/TheIndustry/Transportat i onMarket/Aircraft/default.htm

5.   K. A. Yasakau, M. L. Zheludkevich, S. V. Lamaka, & M. G. Ferreira, Mecanismo de inibição da corrosão de AA2024 por compostos de terras raras. *J. Phys. Chem.* B 110 (2006) 5515-5528, doi:10.1021/jp0560664.

6.   M. Gao, C. R. Feng, R. P. Wei, Um estudo de microscopia eletrónica analítica de partículas constituintes em ligas comerciais 7075-T6 e 2024-T3. *Metall. Mater. Trans. A* 29 (1998) 1145-1151, doi:DOI 10.1007/s11661-998-0240-9.

7.   E. L. Rooy, ASM Metal Hanbook: Propriedades e seleção: Nonferrous Alloys and Special-Purpose Materials Vol. 2 (1992) 17-38 (ASM International).

8.   I. J. Polmear, Light Alloys - From traditional alloys to nanocrystals Ch.2 (2006) 29-96 (Butterworth-Heinemann).

9.   W. F. Smith, Structure and properties of engineering alloys Ch.5 (1993) 177230 (McGraw-Hill).

10.   Sistema internacional de designação de têmpera para ligas de Al forjado

11.   https://www.alcoa.com/global/en/products/product.asp?prod_id=608

12.   International Alloy Designations and Chemical Composition Limits for Wrought Aluminium and Wrought Aluminium Alloys (Revisto em 2001).

13.   M. Tiryakioglu, J. T. Staley, Handbook of Aluminium: Physical Metallurgy and Processes Vol. 1 (2003) 81-210.

14.   L. Katgerman, D. Eskin, Handbook of Aluminium: Physical Metallurgy and Processes Vol. 1 (2003) 259-303.

15.   A. F. Padhila, R. L. Plaut, Handbook of Aluminium: Alloy Production and

Materials Manufacturing Vol. 2 (2003) 193-220.

16.   T. Gladman, Precipitation hardening in metals (Endurecimento por precipitação em metais). *Mater. Sci. Technol.* 15(1999)30-36.

17.   ASM Metal Handbook: Heat Treating Vol. 4 1861-1959 (ASM International, 1991).

18.   A. Rothman, julho de 2004, "Airbus' 'Big Baby' is Too Big", Seattle PostIntelligencer, Seattle, WA, http://seattlepi.nwsource.com/business/182471_airbusproblem17.html.

19.   Boeing News Release, junho de 2003, "Boeing 7E7 Structure Will Be Made of Composite Materials," http://www.boeing.com/news/releases/2003/q2/nr_030612g.html.

20.   A. Heinz, A. Haszler, Recent development in Aluminium alloys for aerospace applications (Desenvolvimento recente de ligas de alumínio para aplicações aeroespaciais). *Mater. Sci. Eng.* A. 2000; 280 (1) 102-7.
http://dx.doi.org/10.1016/ S0921-5093(99)00674-7

21.   T. M. Shan, S. P. Ling, K. P. We, C. C. Pu, Influência da deformação plástica severa no endurecimento por precipitação numa liga Al-Mg-Si: microestrutura e propriedades mecânicas. *Mater. Trans.* 2009; 50(4):771-5. http://dx.doi.org/10.2320/matertrans.MRA2008468.

22.   G. Silva, B. Rivolta, R. Gerosa, U. Derudi, Estudo do comportamento SCC da liga de alumínio 7075 após envelhecimento num passo a 163°C. J. Mater. Eng. Perform. (2012) http://dx.doi.org/10.1007/s11665-012-0221-4.

23.   P. Das, R. Jayaganthan, T. Chowdhury, I.V. Singh, Fatigue behaviour and crack growth rate of cryo-rolled Al 7075 alloy, *Mater. Sci. Eng.* A 528 (2011) 7124- 7132.

24.   P. Das, R. Jayaganthan, I. V. Singh, Tensile and impact-toughness behaviour of cryo-rolled Al 7075 alloy, *Mater. Des.* 32 (2011) 1298-1305.

25.   S. M. Kumar, R. Pramod, M. E. S. Kumar, H. K. Govindaraju, Avaliação da Resistência à Fratura e Propriedades Mecânicas da Liga de Alumínio 7075, T6 com Revestimento de Níquel, *Procedia Eng.* 97 (2014) 178 - 185.

1   6.S. K. Panigrahi, R. Jayaganthan /Efeito do envelhecimento na microestrutura e nas propriedades mecânicas da liga Al 7075 a granel, crio-laminada e laminada à temperatura ambiente, *J. Alloys Compd.* 509 (2011) 9609- 9616.

2   7.S. K. Panigrahi, R. Jayaganthan, Um estudo comparativo das propriedades mecânicas da liga Al 7075 processada por laminagem à temperatura criogénica e à temperatura ambiente, *Mater. Sci. Forum*, 584-586 (2008) 734-740.

28   .J. S. Robinson, D. A. Tannera, C. E. Trumanb, A. M. Paradowskac, R. C. Wimporyd, A influência da sensibilidade de têmpera nas tensões residuais nas ligas de alumínio 7010 e 7075, *mater. charact.* 65 (2012) 73-85.

29   . M. Erdogan, A. Ercetin, I. Gunes, 15º Simpósio Internacional de Materiais (IMSP'2014) 15-17 de outubro de 2014 Universidade de Pamukkale, Denizli, Turquia.

30   J. M. Salman, S. A. A. Alsada, K. F. Sultani, Propriedades de melhoria da liga de alumínio 7075-T6 por têmpera em 30% de polietilenoglicol e adição de 0,1% B, *Res. J. Material Sci.*, Vol. 1 (2013) 2320-6055

31   .G. Silva, B. Rivolta, R. Gerosa, U. Derudi, Estudo de novos parâmetros de tratamento térmico para aumentar a resistência mecânica e a resistência à fissuração por corrosão sob tensão da liga de alumínio 7075, *La Metallurgia Italiana* 3 (2012).

32   . R. Kacara, K. Guleryuz, Efeito da taxa de resfriamento e da pré-deformação nos comportamentos de envelhecimento por deformação de ligas de alumínio 7075, *Mater. Res.* 18(2) (2015) 328333.

33   .A. D. Isadarea, B. Aremob, M. O. Adeoyec, O. J. Olawalec, M. D. Shittu, Mater. Res. 16(1) (2013) 190-194.

34   M. A. Choudhry, M. Ashraf, Efeito do tratamento térmico e relaxamento de tensões na liga de alumínio 7075, J. Alloys Compd. 437 (2007) 113-116.

35   .F. Viana, A. M. P. Pinto, H. M. C. Santos, A. B. Lopes, Retrogressão e reenvelhecimento da liga de alumínio 7075: caraterização microestrutural, *J. Mater. Process. Technol.* 92-93 (1999) 54-59.

36   .A. Abolhasani, A. Z. Hanzaki, H. R. Abedi, M. R. RoKNi, As propriedades mecânicas à temperatura ambiente da liga de alumínio 7075 laminada a quente, *Mater. Des.* 34 (2012) 631-636.

37   .A. Mukherjee, M. Ghosh, K. Mondal, P. Venkitanarayanan, A. P. Moon, A. Varshney, Estudo das propriedades mecânicas, microestruturas e comportamento de corrosão da liga al 7075 T651 com taxa de deformação variável, IOP Conf. Series: Ciência e Engenharia de Materiais 75 (2015) 012031.

38   .M. Tajally, E. Emadoddin, Comportamentos mecânicos e anisotrópicos de 7075 Aluminiumalloysheets   ,   *J.   Mater.   Des.*
(2010),
doi:10.1016/j.matdes.2010.09.001.

39   W. S. Lee, W. C. Sue, C. F. Lin, C. J. Wu, A taxa de deformação e a dependência da temperatura das propriedades de impacto dinâmico da liga de alumínio 7075, J. Mater. Process. Technol. 100 (2000) 116-122.

40   Fan xi gang, jiang da ming, meng qing chang, zhang bao you, wang tao, Evolution of eutectic structures in Al-Zn-Mg-Cu alloys during heat treatment, Transactions of non ferrous metals society of china,vol.16,issue 3,2006,577581.

41   P. S. Shinde, K. K. Singh, V. K. Tripathi, P. K. Sarkar, P. Kumar, Critical J-integral of thin aluminium sheets employing a modified single edge plate specimen. *Int. J. Modern Engg. Res. 2(3)* (2012) 1360-5.

Printed by Books on Demand GmbH, Norderstedt / Germany